国家自然科学基金青年科学基金项目(61803274)资助
辽宁省自然科学基金面上项目(2022-MS-274)资助
沈阳市中青年科技人才培育专项优秀中青年项目(RC230346)资助

基于区间观测器的
复杂动态系统故障诊断研究

张志慧　　著

U0338130

中国矿业大学出版社
·徐州·

内 容 提 要

本书针对复杂动态系统,研究基于区间观测器的故障诊断问题,克服了传统故障诊断方法分别构造残差评价器和阈值选择器的困难。通过设计区间观测器不但能够产生残差信号,还能够给出天然的阈值。通过对扰动抑制性能、故障敏感性能以及非负性能的分析,给出故障诊断策略,并对事件触发机制和区间观测器的协同设计、参数依赖的区间观测器设计、分段区间观测器设计、基于邻居相关输出的区间观测器设计以及广义非线性区间观测器设计等问题进行深入研究。

本书可供从事控制科学与工程专业的研究生及相关科研人员参考使用。

图书在版编目（C I P）数据

基于区间观测器的复杂动态系统故障诊断研究 / 张志慧著. — 徐州：中国矿业大学出版社，2024.4
ISBN 978 - 7 - 5646 - 6211 - 0

Ⅰ. ①基⋯ Ⅱ. ①张⋯ Ⅲ. ①动态系统－故障诊断
Ⅳ. ①TP277.3

中国国家版本馆 CIP 数据核字(2024)第 073516 号

书　　名	基于区间观测器的复杂动态系统故障诊断研究
著　　者	张志慧
责任编辑	陈红梅
出版发行	中国矿业大学出版社有限责任公司
	（江苏省徐州市解放南路　邮编 221008）
营销热线	(0516)83885370　83884103
出版服务	(0516)83995789　83884920
网　　址	http://www.cumtp.com　**E-mail**：cumtpvip@cumtp.com
印　　刷	徐州中矿大印发科技有限公司
开　　本	787 mm×1092 mm　1/16　**印张** 8　**字数** 200 千字
版次印次	2024 年 4 月第 1 版　2024 年 4 月第 1 次印刷
定　　价	48.00 元

（图书出现印装质量问题,本社负责调换）

前　言

随着现代控制系统规模和复杂性的不断增加，系统的安全性和可靠性成为人们越来越关注的问题，因而故障诊断技术备受关注。故障诊断技术包括故障检测、故障隔离和故障辨识三个方面，其中故障检测与故障隔离更是因为能够判断故障的发生以及判定故障的位置而成为故障诊断领域的重要课题。经典的基于模型的故障检测策略的关键技术是产生残差信号以及计算阈值，余下的主要任务是设计残差评价函数并将其与阈值比较，从而判断故障的发生。故障隔离则可以通过设计一组残差产生器和阈值来实现，特别是观测器以其对系统的估计能力成为了一种有效的残差产生器。此外，除了传统的常数阈值外，针对受扰动影响的系统，变阈值设计也成为近年来的研究热点。

本书在总结前人工作的基础上，对几类线性系统和非线性系统的故障检测与隔离问题进行深入的研究，提出基于区间观测器的故障检测与隔离策略。与经典的基于状态估计的方法相比，区间观测器不但能产生残差信号，而且能直接给出阈值。因此，在不需要设计残差评价函数及阈值选择器的情况下，系统能实现故障检测与隔离。同时，本书将部分理论结果应用到单轨模型、质量弹簧系统、船舶操纵系统、双倒立摆模型和由永磁有刷直流电动机驱动的单连杆机械手模型的故障检测与隔离问题中，通过仿真实例验证所提方法的有效性和优越性。

在本书编写过程中，东北大学杨光红教授给予了悉心的指导，沈阳工业大学人工智能学院的所有老师给予了热情的帮助，在此表示衷心的感谢；同时，感谢我挚爱的家人们对我的鼓励与支持！

本书的出版得到国家自然科学基金青年科学基金项目(61803274)、辽宁省自然科学基金面上项目(2022-MS-274)及沈阳市中青年科技人才培育专项优秀中青年项目(RC230346)的资助,所有研究所取得的成果均反映在本书中。

由于本书涉及矩阵计算较多,矩阵符号不再用黑体字母表示。

本书只是笔者在复杂动态系统故障诊断领域的初步成果,限于能力和水平,书中定有不妥之处,敬请广大读者批评指正。

著　者

2023 年 10 月

目 录

1 绪论 ……………………………………………………………………… 1

  1.1 引言 …………………………………………………………………… 1

  1.2 故障诊断概述 ………………………………………………………… 3

  1.3 区间观测器概述 ……………………………………………………… 5

  1.4 故障检测与隔离国内外研究现状 …………………………………… 8

  1.5 本书的主要研究内容 ………………………………………………… 9

2 事件触发机制下的故障检测区间观测器设计 ………………………… 11

  2.1 引言 …………………………………………………………………… 11

  2.2 故障检测问题描述 …………………………………………………… 12

  2.3 事件触发区间观测器设计 …………………………………………… 16

  2.4 仿真算例 ……………………………………………………………… 25

  2.5 本章小结 ……………………………………………………………… 29

3 基于参数依赖区间观测器的线性参数变化系统故障检测 …………… 30

  3.1 引言 …………………………………………………………………… 30

  3.2 故障检测问题描述 …………………………………………………… 31

  3.3 参数依赖的区间观测器设计 ………………………………………… 33

  3.4 观测器设计的 LMI 条件 …………………………………………… 39

  3.5 故障检测方案 ………………………………………………………… 44

  3.6 仿真算例 ……………………………………………………………… 44

  3.7 本章小结 ……………………………………………………………… 51

4 带有未知互联项的 T-S 模糊大系统故障隔离 ························· 52

    4.1 引言 ··· 52

    4.2 故障隔离问题描述 ·· 53

    4.3 分段区间观测器设计 ·· 56

    4.4 故障隔离方案 ··· 62

    4.5 仿真算例 ·· 63

    4.6 本章小结 ·· 68

5 多智能体系统的故障隔离区间观测器设计 ····················· 69

    5.1 引言 ·· 69

    5.2 故障隔离问题描述 ·· 70

    5.3 基于邻居相关输出的区间观测器设计 ······················ 76

    5.4 仿真算例 ·· 83

    5.5 本章小结 ·· 87

6 基于描述性能的严反馈非线性系统故障检测 ··················· 88

    6.1 引言 ·· 88

    6.2 故障检测问题描述 ·· 89

    6.3 广义区间观测器设计 ·· 91

    6.4 故障检测分析 ··· 100

    6.5 仿真算例 ·· 102

    6.6 本章小结 ·· 106

7 结论与展望 ··· 107

    7.1 本书主要结论 ··· 107

    7.2 研究展望 ·· 108

参考文献 ··· 110

1　绪　　论

1.1　引言

随着现代科学与技术的飞速发展,控制系统日益大型化和复杂化。在这些系统带来巨大经济效益的同时,也潜伏着一定的危机。任何一个部件发生故障都有可能带来损失,甚至是灾难。1984 年,由于腐蚀作用,印度博帕尔储罐进料管上的阀门发生内部泄漏,导致氰化物进入大气,造成了至少 2.5 万人直接死亡,55 万人间接死亡,20 多万人永久残疾。1986 年,美国"挑战者"号航天飞机升空后,因固体火箭助推器的密封圈失效,毗邻的外部燃料舱在泄漏出的火焰的高温烧灼下结构失效,使高速飞行中的航天飞机在空气阻力的作用下于发射后的第 73 秒解体,航天飞机上 7 名宇航员全部罹难。1996 年,美国空军一架军用版波音 737-T43 型飞机因惯性制导仪发生严重偏差撞山坠毁,机上 35人全部罹难。2014 年,土耳其煤矿因配电器发生故障引起爆炸,造成 301 人死亡。近几十年来,世界各国在化工、航空航天和采矿等领域发生的一系列事故表明,保证系统安全运行是非常重要的问题。

故障诊断技术作为提高系统安全性和可靠性的重要手段,可以有效地减少故障的发生,因而日益引起人们的重视,已经成为系统设计过程中必须要考虑的问题之一。故障诊断技术起源于 1971 年 Beard 发表的博士论文[1],随后便引起了学者们在故障诊断方面的研究热潮。直到现在,对故障诊断技术的研究也从未停止,并且越来越受到重视。

众所周知,控制系统广泛存在于航空航天、工业生产和农业等各个领域,线性控制系统的分析和设计无疑为实际应用提供了理论基础。但是,随着各个领域复杂性的日益提高和规模的不断扩大,实际系统中存在着大量非线性、强耦合、反应机理复杂的系统。由于传统的线性模型不足以描述这类复杂动态系统,因此能够更加准确刻画实际复杂动态行为的系统以及针对这类系统的分析和设计技术应运而生。

例如,线性参数变化系统以其线性结构和具有精确逼近复杂非线性及时变过程的能力得到了广泛关注[2-6]。所谓参数变化系统,是指随某些参数变化而变化的一种系统模型。它是一类特殊的线性时变系统,其系统矩阵是某些参数向量的函数[7-8]。很多实际非线性系统可以通过延参数轨迹进行线性化被描述成线性参数变化模型,如飞机[9-10]、机器人[11-12]、热交换器[13]等。

由于更适合人们思维、理解和决策的模糊概念备受青睐,因此基于此思想的模糊系统逐渐发展起来。其中,T-S模糊系统就是一种典型的模糊动态模型。其前提是依赖系统输入、输出之间是否存在局部线性关系进行划分的,其结论是由多项式线性方程来表达的[14-15]。这样构成的各条规则间的线性组合,使非线性特性得以通过线性方式呈现。研究表明,T-S模糊系统已经成为利用成熟线性系统理论解决非线性问题的有效工具[16-20]。

除了上述对非线性的近似方法之外,近几十年来针对一类特殊结构的非线性系统的反演设计方法也受到了普遍的重视[21-24]。这种技术不以线性化为目标,在避免抵消系统中的有用非线性方面具有灵活性[25-26]。针对非线性系统的反演控制方法以其特有的构造性设计过程和对不匹配不确定性的处理能力,在飞行器[27-28]、电动机[29-30]和机器人[31-32]等领域得到了广泛的应用。

值得一提的是,在实际动态系统中,除了考虑单一系统的固有非线性外,各个系统之间的耦合也是一个不可忽视的特性。这样由许多子系统通过耦合项连结构成的复杂系统称为互联系统[33]。例如,电力系统[34-35]、工业机器人[36-37]和大型过程控制系统[38-39]都有类似的互联现象。而正因为子系统之间的相互耦合,使得互联系统的分析和设计异常复杂。互联系统的控制器设计已成为国内外研究的重要课题[40-44]。

此外,20世纪50年代以来,多智能体的研究开始受到关注。与互联系统不同,多智能体研究的主要问题是如何通过协作方式解决问题。多智能体系统的自主性、局部通信和协作能力等使其成为控制领域的研究热点。目前,多智能体协同已应用于无人机编队飞行、无人驾驶车辆协作和电网的智能控制等领域。所谓多智能体系统,是由多个智能体组成的具有耦合结构的,并且通过智能体之间的通信、协商和协作来共同完成任务的系统[45]。多智能体系统通过通信和相互协作,可以完成单个智能体无法完成的任务[46]。因此,近年来针对功能强大、结构灵活的多智能体系统的研究层出不穷[47-51]。

综上所述,针对故障诊断技术中存在的问题和一些复杂动态系统的故障诊断问题进行深入研究是目前亟待解决的热点之一。

1.2 故障诊断概述

1.2.1 故障诊断基本概念

故障诊断包括故障检测、故障隔离和故障辨识三个方面[52]。它们的任务分别为：

故障检测：判断系统是否发生故障。

故障隔离：判定故障位置。

故障辨识：估计故障的严重程度，类型和性质。

上述三个方面任务的重要性取决于故障诊断系统的用途。故障检测对于任何实际应用系统来说都是必不可少的，而隔离对于某些复杂动态系统更为关键。因此，本书只针对故障检测与隔离问题展开深入研究。

一个故障诊断系统需要考虑如下的性能指标[53]：

敏感性：系统对故障信号的检测能力。

鲁棒性：在系统存在外部扰动、噪声及建模误差等情况下仍能保持一定的故障检测能力。

误报和漏报：误报是指系统在没有发生故障的情况下错误报警；漏报是指系统在发生了故障的情况下未能报警。

显然，一个可靠的故障诊断系统需要具有较高的敏感性和鲁棒性，并且尽可能减少误报和漏报。

1.2.2 故障检测与隔离方法

早期的故障检测与隔离由硬件冗余来实现。硬件冗余的优势在于其高度可靠性及直接隔离故障的能力。但是，因其高成本和对空间的要求，在现代控制系统中不再适用。因此，基于解析冗余的故障检测与隔离方法应运而生。在解析冗余方法中，将系统解析模型的变量数学关系作为检测与隔离的参考点，不再需要通过对零部件的额外硬件备份来实现检测与隔离[54]。近年来，基于解析冗余的故障检测与隔离方法发展迅速，它大体可分为三类：基于模型的方法、基于信号处理的方法和基于知识的方法。本书主要研究的是基于模型的方法。如图 1-1 所示，其核心问题为：

残差产生：从系统可测变量中提取故障信息的过程。

残差评价：对产生的残差进行后续处理以作为故障特征，并通过决策规则判定是否存在故障以及故障位置。

上述两个问题是基于模型方法的关键[55]。就残差产生而言，其目的在于生成能够反映系统实际行为和期望行为之间差异的残差信号。为实现故障隔离，通常需要一组这样的信

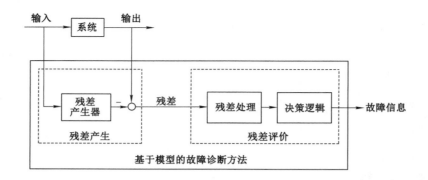

图 1-1   基于模型的故障检测与隔离方法原理图

号,其中的每一个残差只受特定的故障影响而对其他故障不敏感。基于模型的残差产生方法有如下三种:

第一种,基于参数估计的方法:故障能被系统的物理参数反映出来,并且这些物理参数是可以在线估计的[56]。残差是系统参数的在线估计值及其在无故障条件下的对应值之差[57]。

第二种,等价空间的方法:在一个有限的时间窗内,利用系统的输入/输出信号检验其数学模型的等价性[58]。残差是通过构造等价系统,利用其输入/输出信号经过加权处理产生的[59]。

第三种,基于状态估计的方法:从系统测量输出对系统模型进行重构。残差是系统输出与其估计值之差[60-61]。自 1971 年 Beard 首先提出故障检测滤波器的概念以来,基于状态估计的方法迅猛发展,50 多年来涌现了大量研究成果。例如:

未知输入观测器方法:将扰动和不确定性等视为系统的未知输入,在其分布矩阵已知的情况下实现残差与未知输入的解耦。文献[62]提出了基于未知输入观测器的残差产生策略。受到上述文献的激励,基于未知输入观测器的故障检测与隔离方法迅速发展,直到今天仍是一个热门的研究课题[63-64]。

自适应观测器方法:通过设计自适应律,使观测器可以估计系统状态变量或者故障参数。受到这样的思想的启发,文献[65-67]给出了基于自适应观测器的故障检测与隔离策略。

优化性能方法:考虑到故障诊断需要满足的鲁棒性和敏感性指标,将优化方法应用于故障检测与隔离的思想恰到好处。其中,H_∞优化方法在故障检测与隔离问题中扮演着重要的角色。最初的思想大致分为两类:在文献[68-70]中,将残差产生器的设计问题转化成标准的 H_∞ 模型匹配问题,其核心技术是引入参考模型;在文献[71]中,将故障检测观测器设计问题转化成优化问题,其核心技术是引入性能指标。特别是在文献[72]中,作者总结了性能指标的不同描述形式以及不同的算法。在上述文献中,H_∞ 和 H_- 范数被分别用来描述扰动抑制性能和故障敏感性能。另外,文献[73]将 H_- 范数的定义拓展到了 H_- 指标,以传递函数的最小奇异值来衡量最坏的敏感度。在此基础上,文献[74]基于 LMI 技术解决了多目标 H_∞/H_- 故障检测观测器设计问题。上述两种思想一直沿用至今,很多文献围绕这两种思想展开了研究[75-79]。

以上是从残差产生角度出发对现有故障检测与隔离方法的总结。当然,除了上述方法之外,还有基于特征结构配置的方法、滑模观测器方法以及模糊观测器方法等。如果说设计观测器用以产生残差,使得故障敏感性和鲁棒性得以增强是基于状态估计故障检测与隔离过程中的关键,那么残差评价是保证故障得以成功检测与隔离的一个不可忽视的环节。残差评价阶段由以下环节构成:

残差评价器:选择合适的残差评价函数。最常见的是基于范数的残差评价函数。

阈值选择器:考虑到所有不确定因素,以此计算阈值。

决策逻辑:当残差评价函数超过阈值时,报警。

对故障检测系统来说,阈值的选择是一个重要的研究课题。阈值选择得过大,将会增加漏报,阈值选择得过小,也会增加误报。对故障隔离系统来说,阈值的选择更是复杂。我们希望每个故障隔离阈值都能对某特定的故障报警,而不对其他故障报警。目前,针对阈值选择的研究从未停止。如果从残差评价和阈值的角度来说,则有以下方法:

基于常数阈值的方法:故障检测与隔离阈值是一常量。在文献[52]中,给出了一种依赖扰动抑制性能指数的常数阈值。随后,很多文献[80-83]沿用这样的阈值选择方法。

基于时变阈值的方法:故障检测与隔离阈值是时变量,或者称为自适应阈值和动态阈值。基于随机的方法,文献[84]给出了自适应阈值。类似地,在文献[85]中,时变阈值通过估计无故障状态下残差评价函数的方差得到。此外,作者利用线性系统解析解,文献[86]给出了动态阈值。针对非线性系统,文献[87]设计了动态阈值。设计的关键是考虑过程输入的瞬时值及利用离散模型的解析解。事实证明,时变阈值相对于常数阈值在减少误报和漏报方面是有优势的。

由此可见,如何针对现代控制系统提出时变阈值的设计方法以及基于时变阈值的故障检测与隔离策略仍然是一个值得研究的问题。

1.3 区间观测器概述

Luenberger[88] 提出观测器以来,因其能够对系统状态进行估计而得到了研究学者和工程师的青睐。近年来,各种观测器层出不穷,如前文提到的未知输入观测器、自适应观测器及滑模观测器等。

区间观测器的思想在文献[89]中首次被提出。Gouze 等人[89]针对生物系统和人口模型,提出了能够对系统状态产生上、下界估计的动态模型。区间观测器的概念成熟于文献[90-92],学者们针对线性系统给出了标准的区间观测器形式,并给出了一套设计思想,即保证连续误差系统是协同系统,离散误差系统是非负系统。针对带有扰动的指数稳定离散系统,文献[90]提出了一种区间观测器两步设计法。第一步将系统变换成约当(Jordan)标准型,第二步通过构造时变坐标变换将 Jordan 标准型变换成非负系统。如此一来,既保证了误差系统的稳定性,又保证了其非负性。文献[91]将上述方法拓展到了连续系统。针对带有未知有界非线性和扰动的离散系统,文献[92]设计了基于坐标变换的区间观测器以及基于区间观测器的输出反馈控制器。区间观测器在文献[93-95]中得到进一步发展,学者们针对区间观测器展开了更深入的研究,构造了龙伯格(Luenberger)型区间观测器。下面以离散系统为例,给出 Luenberger 型区间观测器的结构和基本原理。

1.3.1 区间观测器结构和基本原理

考虑如下受扰动影响的离散线性系统

$$\begin{cases} x(k+1) = Ax(k) + B\omega(k) \\ y(k) = Cx(k) \end{cases} \tag{1-1}$$

其中,$x(k) \in \mathbb{R}^n$ 是系统状态;$\omega(k) \in \mathbb{R}^p$ 是外部扰动;$y(k) \in \mathbb{R}^q$ 是系统输出;A、B、C、D 是已知的常数矩阵,并且 (C, A) 是可观测的。

假设 1-1 存在已知的界函数 $\underline{\omega}(k) \in \mathbb{R}^p$,$\overline{\omega}(k) \in \mathbb{R}^p$ 使得

$$\underline{\omega}(k) \leqslant \omega(k) \leqslant \overline{\omega}(k) \tag{1-2}$$

在假设 1-1 成立的前提下,针对系统(1-1)设计的区间观测器如下:

$$\begin{cases} \underline{x}(k+1) = (A-LC)\underline{x}(k) + Ly(k) + B^+ \underline{\omega}(k) - B^- \overline{\omega}(k) \\ \overline{x}(k+1) = (A-LC)\overline{x}(k) + Ly(k) + B^+ \overline{\omega}(k) - B^- \underline{\omega}(k) \end{cases} \tag{1-3}$$

其中,$\overline{x}(k) \in \mathbb{R}^n$,$\underline{x}(k) \in \mathbb{R}^n$ 是对系统状态的上下界估计,L 是观测器增益矩阵。

定义 $\underline{e}(k) = x(k) - \underline{x}(k)$,$\overline{e}(k) = \overline{x}(k) - x(k)$,则有如下误差系统:

$$\begin{cases} \underline{e}(k+1) = (A-LC)\underline{e}(k) + B\omega(k) - (B^+ \underline{\omega}(k) - B^- \overline{\omega}(k)) \\ \overline{e}(k+1) = (A-LC)\overline{e}(k) + B^+ \overline{\omega}(k) - B^- \underline{\omega}(k) - B\omega(k) \end{cases} \tag{1-4}$$

由 $B^+ = \max\{0, B\}$,$B^- = B^+ - B$ 和假设 1-1 可知:

$$B^+ \underline{\omega}(k) - B^- \overline{\omega}(k) \leqslant B\omega(k) \leqslant B^+ \overline{\omega}(k) - B^- \underline{\omega}(k)$$

那么,在误差动态(1-4)中

$$\begin{cases} B\omega(k) - (B^+ \underline{\omega}(k) - B^- \overline{\omega}(k)) \geqslant 0 \\ B^+ \overline{\omega}(k) - B^- \underline{\omega}(k) - B\omega(k) \geqslant 0 \end{cases}$$

成立。

进一步地，由非负系统的定义可知，如果矩阵 $A-LC$ 是非负的，则在初始条件 $\underline{e}(0)\geqslant 0,\bar{e}(0)\geqslant 0$ 下

$$\underline{e}(k)\geqslant 0,\bar{e}(k)\geqslant 0$$

成立。

回顾上、下界误差的定义，不难得到：

$$\underline{x}(k)\leqslant x(k)\leqslant \bar{x}(k)$$

在初始条件满足的情况下成立，即区间观测器(1-3)能够对系统(1-1)的状态给出由上、下界估计构成的估计区间。图 1-2 给出了这种 Luenberger 型区间观测器得到的状态估计轨迹。

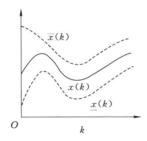

图 1-2　区间观测器状态区间

1.3.2　存在的问题

由上述结构和原理可见，怎么保证误差系统的稳定性和非负性成了设计区间观测器的关键问题。文献[93]给出了基于西尔维斯特(Sylvester)方程的坐标变换，用以保证误差动态的稳定性和非负性。文献[94]利用李雅普诺夫(Lyapunov)稳定性理论分析了估计误差动态的有界性。而在文献[95]中，针对具有不可测参数的线性参数变化系统设计了区间观测器。此文献首次在 L_1/L_2 框架下分析了区间的鲁棒性，优化了估计精度。然而，值得一提的是，文献[95]中的定理是在对系统进行了坐标变换之后提出的。因此，定理中给出的黎卡提(Riccati)矩阵不等式条件并不能直接用于求解观测器增益矩阵 L，而只能作为一个验证条件。如果在不采用坐标变化的情况下，在将 Riccati 矩阵不等式转化成 LMI(线性矩阵不等式)的同时，需要对 Lyapunov 矩阵强加对角结构限制。众所周知，对 Lyapunov 矩阵进行结构限制而得到的设计条件具有一定的保守性。文献[96]认为，由于非负性、稳定性和其他性能需要同时满足，给出一种观测器增益计算方法并不简单。作者提出了循环验证的算法求解该问题。此外，通过事先确定某些矩阵，然后采用网格法或迭代法求解 LMI 也是一种选择。上述区间观测器在文献[97-98]中得到了进一步的应用。文献[97]针对一类带有非线性函数的连续系统和线性参数变化系统，设计了基于区间观测器的控制律。文献[98]解决了一类带有李普希茨(Lipschitz)非线性的基于区间观测器控制问题的切换系统。上述文献为我们提出了一个开放性的问题：如何找到一个更有效的区间观测器设计方法？

1.4　故障检测与隔离国内外研究现状

在过去的几十年里,针对线性系统的故障检测与隔离问题已经形成了一套比较完整的理论体系。然而,近年来兴起的事件触发机制[99-109]对基于传统周期采样的故障检测方法发起了挑战。采样方式对故障检测与隔离的影响成为重要的研究方向。文献[110-114]研究了基于事件触发的故障检测与隔离问题。在事件触发机制下的故障检测与隔离技术不但能有效地检测与隔离故障,而且能降低通信负担。

因线性参数变化系统在描述实际系统方面的优势,针对线性参数变化系统的故障检测与隔离研究也吸引了众多学者的目光。早期的故障检测与隔离以参数不依赖的方法为主[115-117]。随后,为了降低保守性,文献[118-120]提出了参数依赖的故障检测与隔离方法。

与此同时,针对模糊系统的故障检测与隔离研究成果丰富。T-S 模糊故障检测与隔离系统的分析与设计大多基于 Lyapunov 函数方法。早期的结果采用共同 Lyapunov 函数[121]。但是,很多模糊系统并不存在共同 Lyapunov 函数。自从文献[122]和文献[123]中提出了利用分段 Lyapunov 函数处理模糊系统控制器设计问题后,文献[124-127]利用分段 Lyapunov 函数对 T-S 模糊系统故障检测与隔离问题展开研究,并证明利用分段 Lyapunov 函数比用共同 Lyapunov 函数得到的结果保守性小。事实上,上述结果均是针对单一模糊系统故障检测与隔离问题进行的研究。相对来说,在文献中鲜有解决带有未知互联项的模糊大系统的故障检测与隔离问题的工作。究其原因主要有两方面的难题:第一,由未知互联项带来的影响也是未知的;第二,考虑到故障和无故障子系统之间的相互影响,针对每个子系统设计合理的残差产生器和阈值以实现故障隔离是有挑战的。在文献[128-130]中,作者针对非线性大系统设计了非线性观测器来产生残差信号,阈值则是通过计算估计误差动态的解析解来实现的。

与互联大系统有所不同,近年来多智能体系统以其整体大于个体能力之和的优势备受关注。多智能体系统的故障检测与隔离问题因其特有的通信要素而富有挑战性。例如,在多智能体的一致性控制系统中,由于各个智能体之间的通信,使得一旦某个智能体发生故障,均会传播到与其有通信的其他智能体。事实上,各个智能体之间的相互传播使得整体达到一致性任务难以实现,而针对多智能体的故障检测与隔离研究才刚刚起步。文献[131]和文献[132]针对多智能体系统设计了故障检测与隔离滤波器,将故障检测与隔离转化成优化问题。但是,上述文献没有考虑各个智能体间的通信。文献[133-135]提出了基于未知输入观测器的多智能体系统故障检测与隔离机制。不可否认的是,上述文献中的残差产生器的存在条件较为严格。特别是在文献[136]中,作者设计了基于时变阈值的故障检测与隔离策略。其中,阈值则是通过残差动态的解析解得到的。由此可见,多智能体的故障检测与隔离问题有待进一步研究。

除了采用近似方法利用线性系统理论对非线性系统进行故障检测与隔离外,最近几年许多学者[137-139]利用非线性技术对故障诊断问题进行了广泛的研究。例如,在文献[140]中,作者利用自适应估计技术对一类 Lipschitz 非线性系统提出了故障检测与隔离方法。在文献[141]中,作者对受传感器故障影响的非线性系统提出了基于自适应阈值的故障检测与隔离策略。此外,文献[142]和文献[143]针对具有可测状态的非线性不确定系统设计了时变阈值。

基于以上分析可以看出,对于线性参数变化系统、T-S 模糊互联系统和多智能体系统的故障检测与隔离问题研究已经取得了很多有价值的成果。但是,从上述文献不难看出,已有故障检测与隔离策略依然延续传统的思想:设计残差产生器、残差评价函数和阈值选择器,进而达到检测与隔离的目的。残差产生器则由观测器或滤波器实现。一方面,从已取得的研究成果来看,大多数阈值都是常数,目前仍缺乏时变阈值方面的研究成果。另一方面,利用非线性技术的故障检测与隔离研究仍处于起步阶段,尚存在大量有待解决的问题。幸运的是,区间观测器为故障检测与隔离问题的研究提供了富有启发的解决方案。在文献[144]和文献[145]中,作者提出了基于区间概念的故障检测与隔离方法。另外,文献[146]在集员分析的基础上针对 T-S 模糊系统给出了故障诊断方法,文献[147]针对离散切换系统给出了集员故障检测方法。基于区间概念的故障检测方法在电机系统得到了应用[148-150]。特别是在文献[151]中,作者首次提出了基于区间观测器的故障检测与隔离方法。观测器设计条件以 LMI 的形式给出。但是,在文献[151]中同样要求 Lyapunov 是对角的。因此,基于区间观测器的故障检测与隔离方法值得学者们进一步深入研究。

1.5　本书的主要研究内容

虽然过去几十年人们在故障检测与隔离方面已取得了很多成果,但仍有很多不足之处和未能解决的问题。本书受到区间观测器的启发,在克服已有基于区间观测器故障检测与隔离方法缺陷的同时,提出了一套新颖的求解策略。与传统方法相比,所提框架的优势在于区间观测器不但能够产生残差信号,还能给出天然的阈值。因此,省略了传统方法设计残差评价器和阈值选择器两个环节。残差区间直接用于故障决策,方法简洁直观。在此基础上,集中解决如下问题:

如何设计基于区间观测器的事件触发故障检测机制?

针对参数可测的线性参数变化系统,如何充分利用系统信息,设计基于区间观测器的故障检测机制?

如何在区间观测器的框架下对带有未知互联项的模糊大系统实现故障隔离?

怎样利用区间观测器对多智能体系统实现故障隔离?

针对严反馈非线性系统怎么设计区间观测器用以检测故障?

第 1 章概述故障诊断及区间观测器的基本原理、研究现状及存在的问题。

第 2 章针对离散线性系统，提出基于事件触发区间观测器的故障检测方法。考虑到扰动和事件误差的影响，构造一个事件触发的区间观测器以产生上、下界残差。通过引入 l_1 和 H_∞ 性能指标，使得残差区间的鲁棒性和故障敏感性得以提高。而故障检测决策策略是判断零值是否属于残差区间，所提方法在保证故障检测性能的前提下降低了通信负担。通过仿真算例验证方法的有效性。

第 3 章针对离散线性参数变化系统，提出一种基于区间观测器的故障检测方法。通过考虑扰动的界构造一个参数依赖的故障检测区间观测器，并且参数依赖的扰动抑制、故障敏感和非负条件被转化成一系列 LMI。与现有的基于参数不依赖的 Lyapunov 函数和松弛变量方法相比，本章基于参数依赖的 Lyapunov 和松弛矩阵的方法保守性更小。通过仿真算例说明所提方法的有效性及优越性。

第 4 章研究带有未知互联项的模糊互联大系统的故障隔离问题。首先，基于输出分区技术，通过考虑未知互联项和扰动的界构造分段区间观测器。因此，由未知互联项带来的其他子系统的故障和扰动的影响被充分考虑在残差设计中。其次，l_1 性能被用来提高残差区间的鲁棒性；同时，H_∞ 性能被引入，使得每个残差区间只对自身子系统的故障敏感。再次，基于分段 Lyapunov 函数和松弛变量技术，观测器设计问题转化成求解具有扰动抑制、故障敏感和非负约束条件的优化问题，所提方法比基于共同及对角 Lyapunov 函数的方法保守性更小。最后，通过仿真算例验证所提方法的有效性及优越性。

第 5 章讨论离散多智能体系统的故障隔离问题。首先，为了隔离某个智能体故障，在其邻居构造了一系列区间观测器。邻居的输出、整个系统的扰动以及每个故障的界被构造成观测器的输入。因此，每个智能体能够确定是哪个邻居发生了故障。其次，通过引入性能指标使得残差区间的鲁棒性和相对于邻居故障的敏感性被有效地提高。再次，当零值被包含在某一残差区间内，而在其他区间之外时，一个确定的故障被成功地隔离出来。最后，通过仿真算例验证所提方法的有效性。

第 6 章针对带有不可测状态和不匹配非线性故障函数的不确定严反馈系统设计基于描述性能的故障检测方法。首先，在反演控制的启发下，通过一种递归算法得到了基于观测器的残差产生器。观测器中的待定函数被设计成两部分，一部分用于抵消交叉项，另一部分利用误差完成校正。由此可知，残差信号在无故障的情况下满足描述性能，并且所有估计误差都是一致有界的。其次，残差信号的描述性能界被作为故障检测阈值，所提基于描述性能的观测器设计方法也能同时产生残差及阈值，可将其看作一种广义区间观测器。再次，与没有考虑描述性能的故障检测方法相比，提出的故障检测方法能够减小暂态过程由于超调量引起的误报。最后，通过仿真算例验证所提方法的有效性和优越性。

第 7 章总结了本书的主要研究工作，并对此研究内容进行展望。

2　事件触发机制下的故障检测区间观测器设计

2.1　引言

随着计算机技术迅速发展,控制系统也正在向数字化及网络化方向发展。因此,采样方式对故障检测性能的影响是一个重要的问题。不可否认的是,基于传统周期采样方式的故障检测方法能够成功检测故障,但是难免会存在浪费通信和计算资源的弊端。近年来,事件触发机制逐渐兴起,其主要目标是降低通信负担[99-103],其策略是通过给出一个预先设定的条件来判断是否传输数据。在控制问题上,事件触发机制在保证系统稳定性和期望控制性能的前提下降低通信负担。

同时,基于事件触发的估计问题也得到了广泛研究[104-107]。例如,文献[108]针对离散系统设计了保证 l_2 性能的事件触发滤波器。文献[109]基于 LMI 技术提出了事件触发的 H_∞ 滤波器。只有满足事件触发条件时,测量输出才被传输到滤波器。结果表明,在通信负担减轻的同时,滤波性能依然能够保证。此外,很多基于事件触发的故障检测结果被提出[110-114]。其中,文献[111-114]针对离散系统提出了基于滤波器和传统 Luenberger 观测器的事件触发故障检测方法。一直以来,怎样找到一种新颖的事件触发故障检测方法仍然是一个开放性的问题。

基于以上考虑,本章针对离散线性系统提出了基于事件触发区间观测器的故障检测方法。首先,考虑到扰动和事件误差的影响,可构造一个事件触发的区间观测器用以产生上、下界残差。其次,通过引入 l_1 和 H_∞ 性能指标,使产生的残差区间的鲁棒性和故障敏感性得以提高。再次,借助松弛变量,估计误差的非负性限制通过 LMI 条件被保证,所提方法在保证故障检测性能的前提下降低了通信负担。最后,通过仿真结果验证方法的有效性。

2.2 故障检测问题描述

考虑如下离散系统

$$\begin{cases} x(k+1) = Ax(k) + B\omega(k) + Ef(k) \\ y(k) = Cx(k) \end{cases} \tag{2-1}$$

其中，$x(k) \in \mathbb{R}^n$ 是系统的状态；$y(k) \in \mathbb{R}^q$ 是控制输入；$\omega(k) \in \mathbb{R}^p$ 是外部扰动信号；$f(k) \in \mathbb{R}^s$ 是属于 l_2 的故障信号；A、B、E、C 是已知的常数矩阵，并且假设 C、A 是可观测的。

首先，本章给出了一些必要的假设和提出的引理。

假设 2-1 A 是舒尔（Schur）稳定的。

假设 2-2 存在已知的界函数 $\underline{\omega}(k) \in \mathbb{R}^p, \overline{\omega}(k) \in \mathbb{R}^p$ 使得

$$\underline{\omega} \leqslant \omega \leqslant \overline{\omega} \tag{2-2}$$

注 2-1 类似于文献[113-114]中所述，假设 2-1 对观测器设计问题来说不是个严格的条件。假设 2-2 意味着未知扰动的界需要已知，这在区间观测器相关的文献[95]和 l_1 滤波相关的文献[152]中是一个常见的假设。

引理 2-1 基于假设 2-1 和假设 2-2，在无故障情况下，输出是有界的，即 $\| y(k) \| \leqslant Y(k)$。

证明 考虑系统(2-1)和假设条件(2-2)，应用三角不等式可得

$$\| y(k) \| = \left\| CA^k x(0) + C \sum_{i=0}^{k-1} A^{k-i-1} B\omega(i) \right\|$$

$$\leqslant \| CA^k x(0) \| + \sum_{i=0}^{k-1} \sum_{j=0}^{p} \| CA^{k-i-1} B \| \max\{ |\underline{\omega}_j(i)|, \overline{\omega}_j(i) \} \tag{2-3}$$

由于 A 是 Schur 稳定的，则输出的界为

$$Y(k) = \| CA^k x(0) \| + \sum_{i=0}^{k-1} \sum_{j=0}^{p} \| CA^{k-i-1} B \| \max\{ |\underline{\omega}_j(i)|, \overline{\omega}_j(i) \}$$

证毕。

为了降低通信负担，本节提出事件触发机制，使得系统输出在不满足如下条件时才被传输给区间观测器。

$$\sigma y^{\mathrm{T}}(k) y(k) - \varepsilon \tilde{\delta}^{\mathrm{T}}(k) \tilde{\delta}(k) > 0 \tag{2-4}$$

其中，$\sigma > 0, \varepsilon > 0$ 为事件参数。

$y(k)$ 为当前输出，且

$$\begin{cases} \tilde{\delta}(k) = \begin{bmatrix} 2Y(k) \parallel \underline{L} \parallel E_n - \underline{L}\delta(k) \\ 2Y(k) \parallel \overline{L} \parallel E_n + \overline{L}\delta(k) \\ \delta(k) \end{bmatrix} \\ \delta(k) = \tilde{y}(k) - y(k) \\ \tilde{y}(k) = y(k_i), k \in [k_i, k_{i+1}), i, k \in \mathbb{N} \end{cases} \tag{2-5}$$

其中,$\underline{L}$,$\overline{L}$ 分别为下面要设计的区间观测器增益;k_i 为第 i 个触发时刻,$k_{i+1} > k_i$;$\delta(k)$ 为事件触发误差,表示当前输出 $y(k)$ 和上一次传输的输出 $\tilde{y}(k)$ 之间的差。如果 $y(k)$ 满足条件式(2-4),则它将不被传输。只有当 $y(k)$ 不满足条件式(2-4)时,它才会被传输给区间观测器。

注 2-2 类似于文献[107-108]和文献[113],本章首先提出事件触发条件(2-4)。其含义是,只有当输出的变化量大于一个依赖输出的阈值时,才会激活传输。但是,与上述文献不同的是,通过构造增广的事件误差,将区间特性考虑到了条件(2-4)中。另外,正如文献[108]和文献[113]所述,所提事件触发机制的最小事件触发间隔即为采样周期,所以芝诺(Zeno)现象将不会发生。

本章的主要目标是构造事件触发区间观测器。在引理 2-1 的基础上,扰动的上、下界和输出的界被用于构造区间观测器。其结构如下:

$$\begin{cases} \underline{x}(k+1) = (A - \underline{L}C)\underline{x}(k) + \underline{L}\tilde{y}(k) - \underline{F}(\overline{x}(k) - \underline{x}(k)) + \\ \qquad B^+ \underline{\omega}(k) - B^- \overline{\omega}(k) - 2Y(k) \parallel \underline{L} \parallel E_n \\ \overline{x}(k+1) = (A - \overline{L}C)\overline{x}(k) + \overline{L}\tilde{y}(k) + \overline{F}(\overline{x}(k) - \underline{x}(k)) + \\ \qquad B^+ \overline{\omega}(k) - B^- \underline{\omega}(k) + 2Y(k) \parallel \overline{L} \parallel E_n \\ \underline{y}(k) = C^+ \underline{x}(k) - C^- \overline{x}(k) \\ \overline{y}(k) = C^+ \overline{x}(k) - C^- \underline{x}(k) \\ \underline{r}(k) = V(\tilde{y}(k) - \overline{y}(k)) \\ \overline{r}(k) = V(\tilde{y}(k) - \underline{y}(k)) \end{cases} \tag{2-6}$$

其中,$\overline{x}(k) \in \mathbb{R}^n$ 和 $\underline{x}(k) \in \mathbb{R}^n$ 是对状态 $x(k)$ 的上下界估计;$\overline{y}(k) \in \mathbb{R}^q$ 和 $\underline{y}(k) \in \mathbb{R}^q$ 是对输出 $y(k)$ 的上、下界估计;$\overline{r}(k) \in \mathbb{R}^s$ 和 $\underline{r}(k) \in \mathbb{R}^s$ 是上、下界残差;$\underline{L}$、$\overline{L}$、$\underline{F}$、$\overline{F}$ 分别为待定观测器增益;V 为一正矩阵。

定义 $\underline{e}(k) = x(k) - \underline{x}(k)$,$\overline{e}(k) = \overline{x}(k) - x(k)$,则有如下误差系统

$$
\begin{cases}
\underline{e}(k+1) = (A - \underline{L}C + \underline{F})\underline{e}(k) + \overline{F}\overline{e}(k) + B\omega(k) - (B^+\underline{\omega}(k) - B^-\overline{\omega}(k)) + \\
\qquad 2Y(k)\parallel\underline{L}\parallel E_n - \underline{L}\delta(k) + Ef(k) \\
\overline{e}(k+1) = (A - \overline{L}C + \overline{F})\overline{e}(k) + \underline{F}\underline{e}(k) + B^+\overline{\omega}(k) - B^-\underline{\omega}(k) - B\omega(k) + \\
\qquad 2Y(k)\parallel\overline{L}\parallel E_n + \overline{L}\delta(k) - Ef(k)
\end{cases}
\tag{2-7}
$$

由假设条件(2-2)可得

$$
\begin{cases}
B\omega(k) - (B^+\underline{\omega}(k) - B^-\overline{\omega}(k)) \geqslant 0 \\
B^+\overline{\omega}(k) - B^-\underline{\omega}(k) - B\omega(k) \geqslant 0
\end{cases}
$$

进一步地,由事件触发误差 $\delta(k)$ 的定义和引理2-1可得

$$
\begin{cases}
\parallel\delta(k)\parallel \leqslant \parallel\widetilde{y}(k)\parallel + \parallel y(k)\parallel \leqslant 2Y(k) \\
2Y(k)\parallel\underline{L}\parallel E_n - \underline{L}\delta(k) \geqslant 0 \\
2Y(k)\parallel\overline{L}\parallel E_n + \overline{L}\delta(k) \geqslant 0
\end{cases}
$$

如果矩阵 $(A - \underline{L}C + \underline{F})$，$(A - \overline{L}C + \overline{F})$，$\underline{F}$，$\overline{F}$ 是非负的,则无故障情况下初始条件满足 $\underline{x}(0) \leqslant x(0) \leqslant \overline{x}(0)$,则有

$$
\begin{cases}
\underline{e}(k) \geqslant 0, \overline{e}(k) \geqslant 0 \\
\underline{x}(k) \leqslant x(k) \leqslant \overline{x}(k) \\
\underline{y}(k) \leqslant y(k) \leqslant \overline{y}(k) \\
0 \in [\underline{r_i}(k), \overline{r_i}(k)], (i = 1, 2, \cdots, s)
\end{cases}
$$

考虑到上、下界误差之间的耦合,定义

$$
\xi(k) = \begin{bmatrix} \underline{e}(k) \\ \overline{e}(k) \\ x(k) \end{bmatrix}
$$

$$
\widetilde{\omega}(k) = \begin{bmatrix} \omega(k) - \underline{\omega}(k) \\ \overline{\omega}(k) - \omega(k) \\ \omega(k) \end{bmatrix}
$$

$$
\widetilde{\delta}(k) = \begin{bmatrix} 2Y(k)\parallel\underline{L}\parallel E_n - \underline{L}\delta(k) \\ 2Y(k)\parallel\overline{L}\parallel E_n + \overline{L}\delta(k) \\ \delta(k) \end{bmatrix}
$$

$$
r(k) = \begin{bmatrix} \underline{r}(k) \\ \overline{r}(k) \end{bmatrix}
$$

则可得如下的增广误差系统

$$\begin{cases} \xi(k+1) = \widetilde{A}\xi(k) + \widetilde{B}\widetilde{\omega}(k) + \widetilde{D}\widetilde{\delta}(k) + \widetilde{e}f(k) \\ r(k) = \widetilde{C}_1\xi(k) + \widetilde{D}_1\widetilde{\delta}(k) \\ y(k) = \widetilde{C}_2\xi(k) \end{cases} \tag{2-8}$$

其中

$$\widetilde{A} = \begin{bmatrix} (A - \underline{L}C + \underline{F}) & \underline{F} & 0 \\ \overline{F} & (A - \overline{L}C + \overline{F}) & 0 \\ 0 & 0 & A \end{bmatrix}$$

$$\widetilde{B} = \begin{bmatrix} B^+ & B^- & 0 \\ B^- & B^+ & 0 \\ 0 & 0 & B \end{bmatrix}$$

$$\widetilde{D} = \begin{bmatrix} I & 0 & 0 \\ 0 & I & 0 \\ 0 & 0 & 0 \end{bmatrix}$$

$$\widetilde{D}_1 = \begin{bmatrix} 0 & 0 & V \\ 0 & 0 & V \end{bmatrix}$$

$$\widetilde{C}_1 = \begin{bmatrix} -VC^- & -VC^+ & 0 \\ VC^+ & VC^- & 0 \end{bmatrix}$$

$$\widetilde{C}_2 = \begin{bmatrix} 0 & 0 & C \end{bmatrix}$$

$$\widetilde{E} = \begin{bmatrix} E^{\mathrm{T}} & -E^{\mathrm{T}} & E^{\mathrm{T}} \end{bmatrix}^{\mathrm{T}}$$

本章的主要思想是设计如式(2-6)所示的区间观测器,使得:

(1) $\widetilde{A}$ 是 Schur 稳定的且非负的。

(2)(l_1 性能)最小化扰动 $\widetilde{\omega}(k)$ 对残差 $r(k)$ 的影响

$$\sup_{\widetilde{\omega}(k) \in l_\infty} \frac{\parallel r(k) \parallel_\infty}{\parallel \widetilde{\omega}(k) \parallel_\infty} < \beta$$

(3)(H_∞ 性能)最大化故障 $f(k)$ 对残差 $r(k)$ 的影响

$$\sup_{0 \neq f(k) \in l_2} \frac{\parallel r(k) - Jf(k) \parallel_2}{\parallel f(k) \parallel_2} < \gamma$$

其中,$J_1 \in \mathbb{R}^{s \times s}$ 为权重矩阵,$J = \begin{bmatrix} J_1^{\mathrm{T}} & J_1^{\mathrm{T}} \end{bmatrix}^{\mathrm{T}}$。

指标(1)是误差动态非负性和稳定性条件。在性能指标(2)下,残差区间的鲁棒性得以增强。同时,在性能指标(3)下,残差区间的故障敏感性得以提高。

2.3 事件触发区间观测器设计

2.3.1 扰动抑制条件

在本节中,扰动抑制条件由下面的定理给出。

定理 2-1 对于给定的常数 $\beta > 0$,如果存在矩阵

$$P_1 = \begin{bmatrix} P_{11} & P_{12} & P_{13} \\ P_{12}^T & P_{14} & P_{15} \\ P_{13}^T & P_{15}^T & P_{16} \end{bmatrix} > 0$$

$$W = \begin{bmatrix} W_{11} & 0 & 0 \\ 0 & W_{22} & 0 \\ 0 & 0 & W_{33} \end{bmatrix}$$

及正矩阵 V 和正标量 σ、ε、μ、$0 < \alpha < 1$ 使得

$$\begin{cases} [N_{p,q}]_{12\times12} < 0 \\ [Z_{p,q}]_{9\times9} < 0 \end{cases} \tag{2-9}$$

成立。其中的非负元素 $N_{p,q}$ 和 $Z_{p,q}$ 为

$$N_{1,1} = -\alpha P_{11}, N_{1,2} = -\alpha P_{12}, N_{1,3} = -\alpha P_{13}$$

$$N_{1,10} = -A^T W_{11} + C^T X - R, N_{1,11} = -S$$

$$N_{2,2} = -\alpha P_{14}, N_{2,3} = -\alpha P_{15}, N_{2,10} = -R$$

$$N_{2,11} = -A^T W_{22} + C^T Y - S, N_{3,3} = -\alpha P_{16} + \sigma C^T C$$

$$N_{3,12} = -A^T W_{33}, N_{4,4} = -\mu I, N_{4,10} = -B^{+T} W_{11}$$

$$N_{4,11} = -B^{-T} W_{22}, N_{5,5} = -\mu I, N_{5,10} = -B^{-T} W_{11}$$

$$N_{5,11} = -B^{+T} W_{22}, N_{6,6} = -\mu I, N_{6,12} = -B^T W_{33}$$

$$N_{7,7} = -\varepsilon I, N_{7,10} = -W_{11}, N_{8,8} = -\varepsilon I, N_{8,11} = -W_{22}$$

$$N_{9,9} = -\varepsilon I, N_{10,10} = P_{11} - W_{11} - W_{11}^T, N_{10,11} = P_{12}$$

$$N_{10,12} = P_{13}, N_{11,11} = P_{14} - W_{22} - W_{22}^T$$

$$N_{11,12} = P_{15}, N_{12,12} = P_{16} - W_{33} - W_{33}^T$$

$$Z_{1,1} = -(1-\alpha)P_{11}, Z_{1,2} = -(1-\alpha)P_{12}$$

$$Z_{1,3} = -(1-\alpha)P_{13}, Z_{1,8} = -C^{-T}V^T, Z_{1,9} = C^{+T}V^T$$

$$Z_{2,2} = -(1-\alpha)P_{14}, Z_{2,3} = -(1-\alpha)P_{15}$$

$$Z_{2,8} = -C^{+T}V^T, Z_{2,9} = C^{-T}V^T$$

$$Z_{3,3} = -(1-\alpha)P_{16} + \sigma C^T C, Z_{4,4} = -(\beta - \mu)I$$

$$Z_{5,5} = -\varepsilon I , Z_{6,6} = -\varepsilon I , Z_{7,7} = -\varepsilon I$$

$$Z_{7,8} = V^{\mathrm{T}} , Z_{7,9} = V^{\mathrm{T}} , Z_{8,8} = -\beta I , Z_{9,9} = -\beta I$$

则系统(2-8)是渐近稳定的,并且在零初始条件下其 l_1 性能指标小于 β。

证明 考虑事件触发条件(2-4),选择 Lyapunov 函数为

$$V_1(\xi(k)) = \xi^{\mathrm{T}}(k) P_1 \xi(k)$$

如果

$$V_1(\xi(k+1)) - \alpha V_1(\xi(k)) - \mu \widetilde{\omega}^{\mathrm{T}}(k) \widetilde{\omega}(k) +$$
$$\sigma y^{\mathrm{T}}(k) y(k) - \varepsilon \widetilde{\delta}^{\mathrm{T}}(k) \widetilde{\delta}(k) < 0 \tag{2-10}$$

$$r^{\mathrm{T}}(k) r(k) - \beta [(1-\alpha) V_1(\xi(k)) + (\beta - \mu) \widetilde{\omega}^{\mathrm{T}}(k) \widetilde{\omega}(k) +$$
$$\varepsilon \widetilde{\delta}^{\mathrm{T}}(k) \widetilde{\delta}(k) - \sigma y^{\mathrm{T}}(k) y(k)] < 0 \tag{2-11}$$

成立,则系统(2-8)是渐近稳定的,并且在零初始条件下其 l_1 性能指标小于 β。由

$$V_1(\xi(k+1)) - \alpha V_1(\xi(k)) - \mu \widetilde{\omega}^{\mathrm{T}}(k) \widetilde{\omega}(k) + \sigma y^{\mathrm{T}}(k) y(k) - \varepsilon \widetilde{\delta}^{\mathrm{T}}(k) \widetilde{\delta}(k)$$

$$= \xi^{\mathrm{T}}(\widetilde{A}^{\mathrm{T}} P_1 \widetilde{A} - \alpha P_1) \xi + 2\xi^{\mathrm{T}} \widetilde{A}^{\mathrm{T}} P_1 \widetilde{B} \widetilde{\omega} + 2\xi^{\mathrm{T}} \widetilde{A}^{\mathrm{T}} P_1 \widetilde{D} \widetilde{\delta} + \widetilde{\omega}^{\mathrm{T}} \widetilde{B}^{\mathrm{T}} P_1 \widetilde{B} \widetilde{\omega} +$$

$$2\widetilde{\omega}^{\mathrm{T}} \widetilde{B}^{\mathrm{T}} P_1 \widetilde{D} \widetilde{\delta} + \widetilde{\delta}^{\mathrm{T}} \widetilde{D}^{\mathrm{T}} P_1 \widetilde{D} \widetilde{\delta} - \mu \widetilde{\omega}^{\mathrm{T}} \widetilde{\omega} + \sigma \xi^{\mathrm{T}} \widetilde{C}_2^{\mathrm{T}} \widetilde{C}_2 \xi - \varepsilon \widetilde{\delta}^{\mathrm{T}} \widetilde{\delta}$$

$$= \begin{bmatrix} \xi^{\mathrm{T}} & \widetilde{\omega}^{\mathrm{T}} & \widetilde{\delta}^{\mathrm{T}} \end{bmatrix} \begin{bmatrix} \widetilde{A}^{\mathrm{T}} P_1 \widetilde{A} - \alpha P_1 + \sigma \widetilde{C}_2^{\mathrm{T}} \widetilde{C}_2 & \widetilde{A}^{\mathrm{T}} P_1 \widetilde{B} & \widetilde{A}^{\mathrm{T}} P_1 \widetilde{D} \\ * & \widetilde{B}^{\mathrm{T}} P_1 \widetilde{B} - \mu I & \widetilde{B}^{\mathrm{T}} P_1 \widetilde{D} \\ * & * & \widetilde{D}^{\mathrm{T}} P_1 \widetilde{D} - \varepsilon I \end{bmatrix} \begin{bmatrix} \xi \\ \widetilde{\omega} \\ \widetilde{\delta} \end{bmatrix}$$

可知,如果下列不等式成立,则式(2-10)成立。

$$\begin{bmatrix} \widetilde{A}^{\mathrm{T}} P_1 \widetilde{A} - \alpha P_1 + \sigma \widetilde{C}_2^{\mathrm{T}} \widetilde{C}_2 & \widetilde{A}^{\mathrm{T}} P_1 \widetilde{B} & \widetilde{A}^{\mathrm{T}} P_1 \widetilde{D} \\ * & \widetilde{B}^{\mathrm{T}} P_1 \widetilde{B} - \mu I & \widetilde{B}^{\mathrm{T}} P_1 \widetilde{D} \\ * & * & \widetilde{D}^{\mathrm{T}} P_1 \widetilde{D} - \varepsilon I \end{bmatrix} < 0 \tag{2-12}$$

不等式(2-12)可以改写为

$$\begin{bmatrix} \widetilde{A}^{\mathrm{T}} \\ \widetilde{B}^{\mathrm{T}} \\ \widetilde{D}^{\mathrm{T}} \end{bmatrix} P_1 \begin{bmatrix} \widetilde{A} & \widetilde{B} & \widetilde{D} \end{bmatrix} + \begin{bmatrix} -\alpha P_1 + \sigma \widetilde{C}_2^{\mathrm{T}} \widetilde{C}_2 & 0 & 0 \\ * & -\mu I & 0 \\ * & * & -\varepsilon I \end{bmatrix} < 0 \tag{2-13}$$

引入松弛变量 W,则上述不等式等价于

$$\begin{bmatrix} -\alpha P_1 + \sigma \widetilde{C}_2^{\mathrm{T}} \widetilde{C}_2 & 0 & 0 & -\widetilde{A}^{\mathrm{T}} W \\ * & -\mu I & 0 & -\widetilde{B}^{\mathrm{T}} W \\ * & * & -\varepsilon I & -\widetilde{D}^{\mathrm{T}} W \\ * & * & * & P_1 - W - W^{\mathrm{T}} \end{bmatrix} < 0$$

定义 $X = \underline{L}^{\mathrm{T}} W_{11}, Y = \overline{L}^{\mathrm{T}} W_{22}, R = \underline{F}^{\mathrm{T}} W_{11}, S = \overline{F}^{\mathrm{T}} W_{22}$，则

$$
\begin{bmatrix}
\Phi_{11} & 0 & 0 & \Phi_{14} \\
* & -\mu I & 0 & \Phi_{24} \\
* & * & -\varepsilon I & \Phi_{34} \\
* & * & * & \Phi_{44}
\end{bmatrix} < 0 \tag{2-14}
$$

其中

$$
\Phi_{11} = \begin{bmatrix}
-\alpha P_{11} & -\alpha P_{12} & -\alpha P_{13} \\
* & -\alpha P_{14} & -\alpha P_{15} \\
* & * & -\alpha P_{16} + \sigma C^{\mathrm{T}} C
\end{bmatrix}
$$

$$
\Phi_{14} = \begin{bmatrix}
-A^{\mathrm{T}} W_{11} + C^{\mathrm{T}} X - R & -S & 0 \\
-R & -A^{\mathrm{T}} W_{22} + C^{\mathrm{T}} Y - S & 0 \\
0 & 0 & -A^{\mathrm{T}} W_{33}
\end{bmatrix}
$$

$$
\Phi_{24} = -\begin{bmatrix}
B^{+\mathrm{T}} W_{11} & B^{-\mathrm{T}} W_{22} & 0 \\
B^{-\mathrm{T}} W_{11} & B^{+\mathrm{T}} W_{22} & 0 \\
0 & 0 & B^{\mathrm{T}} W_{33}
\end{bmatrix}
$$

$$
\Phi_{34} = -\begin{bmatrix}
W_{11} & 0 & 0 \\
0 & W_{22} & 0 \\
0 & 0 & 0
\end{bmatrix}
$$

$$
\Phi_{44} = \begin{bmatrix}
P_{11} - W_{11} - W_{11}^{\mathrm{T}} & P_{12} & P_{13} \\
* & P_{14} - W_{22} - W_{22}^{\mathrm{T}} & P_{15} \\
* & * & P_{16} - W_{33} - W_{33}^{\mathrm{T}}
\end{bmatrix}
$$

同时，由

$$
\beta^{-1} r^{\mathrm{T}}(k) r(k) - [(1-\alpha) V_1(\xi(k)) + (\beta - \mu) \widetilde{\omega}^{\mathrm{T}}(k) \widetilde{\omega}(k) +
$$

$$
\varepsilon \widetilde{\delta}^{\mathrm{T}}(k) \widetilde{\delta}(k) - \sigma y^{\mathrm{T}}(k) y(k)]
$$

$$
= \beta^{-1} \xi^{\mathrm{T}} \widetilde{C}_1^{\mathrm{T}} \widetilde{C}_1 \xi + 2\beta^{-1} \xi^{\mathrm{T}} \widetilde{C}_1^{\mathrm{T}} \widetilde{D}_1 \widetilde{\delta} + \beta^{-1} \widetilde{\delta}^{\mathrm{T}} \widetilde{D}_1^{\mathrm{T}} \widetilde{D}_1 \widetilde{\delta} - (1-\alpha) \xi^{\mathrm{T}} P_1 \xi -
$$

$$
(\beta - \mu) \widetilde{\omega}^{\mathrm{T}}(k) \widetilde{\omega}(k) - \varepsilon \widetilde{\delta}^{\mathrm{T}}(k) \widetilde{\delta}(k) + \sigma \xi^{\mathrm{T}} \widetilde{C}_2^{\mathrm{T}} \widetilde{C}_2 \xi
$$

$$
= \begin{bmatrix} \xi^{\mathrm{T}} & \widetilde{\omega}^{\mathrm{T}} & \widetilde{\delta}^{\mathrm{T}} \end{bmatrix}
\begin{bmatrix}
\beta^{-1} \widetilde{C}_1^{\mathrm{T}} \widetilde{C}_1 - (1-\alpha) P_1 + \sigma \widetilde{C}_2^{\mathrm{T}} \widetilde{C}_2 & 0 & \beta^{-1} \widetilde{C}_1^{\mathrm{T}} \widetilde{D}_1 \\
* & -(\beta - \mu) I & 0 \\
* & * & \beta^{-1} \widetilde{D}_1^{\mathrm{T}} \widetilde{D}_1 - \varepsilon I
\end{bmatrix}
\begin{bmatrix} \xi \\ \widetilde{\omega} \\ \widetilde{\delta} \end{bmatrix}
$$

可知，如果下列不等式成立，则式（2-11）成立。

$$\begin{bmatrix} -(1-\alpha)P_1 + \sigma\widetilde{C}_2^{\mathrm{T}}\widetilde{C}_2 & 0 & 0 & \widetilde{C}_1^{\mathrm{T}} \\ * & -(\beta-\mu)I & 0 & 0 \\ * & * & -\varepsilon I & \widetilde{D}_1^{\mathrm{T}} \\ * & * & * & -\beta I \end{bmatrix} < 0 \qquad (2\text{-}15)$$

上述不等式等价于

$$\begin{bmatrix} \Omega_{11} & 0 & 0 & \Omega_{14} \\ * & -(\beta-\mu)I & 0 & 0 \\ * & * & -\varepsilon I & \Omega_{34} \\ * & * & * & -\beta I \end{bmatrix} < 0 \qquad (2\text{-}16)$$

其中

$$\Omega_{11} = \begin{bmatrix} -(1-\alpha)P_{11} & -(1-\alpha)P_{12} & -(1-\alpha)P_{13} \\ * & -(1-\alpha)P_{14} & -(1-\alpha)P_{15} \\ * & * & -(1-\alpha)P_{16} + \sigma C^{\mathrm{T}}C \end{bmatrix}$$

$$\Omega_{14} = \begin{bmatrix} -C^{-\mathrm{T}}V^{\mathrm{T}} & C^{+\mathrm{T}}V^{\mathrm{T}} \\ -C^{+\mathrm{T}}V^{\mathrm{T}} & C^{-\mathrm{T}}V^{\mathrm{T}} \\ 0 & 0 \end{bmatrix}$$

$$\Omega_{34} = \begin{bmatrix} 0 & 0 \\ 0 & 0 \\ V^{\mathrm{T}} & V^{\mathrm{T}} \end{bmatrix}$$

如果不等式(2-9)成立,则不等式(2-14)和不等式(2-16)成立,证毕。

2.3.2　故障敏感条件

下面给出区间观测器的故障敏感性条件。

定理 2-2　对于给定的 $\gamma > 0$,如果存在矩阵

$$P_2 = \begin{bmatrix} P_{21} & P_{22} & P_{23} \\ P_{22}^{\mathrm{T}} & P_{24} & P_{25} \\ P_{23}^{\mathrm{T}} & P_{25}^{\mathrm{T}} & P_{26} \end{bmatrix} > 0$$

$$W = \begin{bmatrix} W_{11} & 0 & 0 \\ 0 & W_{22} & 0 \\ 0 & 0 & W_{33} \end{bmatrix}$$

及 J_1,正矩阵 V 和正标量 σ、ε 使得

$$[M_{p,q}]_{12\times12} < 0 \qquad (2\text{-}17)$$

成立。其中

$$M_{1,1} = -P_{21}, M_{1,2} = -P_{22}, M_{1,3} = -P_{23}$$

$$M_{1,8} = -C^{-T}V^T, M_{1,9} = C^{+T}V^T$$

$$M_{1,10} = -A^TW_{11} + C^TX - R, M_{1,11} = -S, M_{2,2} = -P_{24}$$

$$M_{2,3} = -P_{25}, M_{2,8} = -C^{+T}V^T, M_{2,9} = C^{-T}V^T, M_{2,10} = -R$$

$$M_{2,11} = -A^TW_{22} + C^TY - S, M_{3,3} = -P_{26} + \sigma C^TC$$

$$M_{3,12} = -A^TW_{33}, M_{4,4} = -\gamma^2 I, M_{4,8} = -J_1^T$$

$$M_{4,9} = -J_1^T, M_{4,10} = -E^TW_{11}, M_{4,11} = E^TW_{22}$$

$$M_{4,12} = -E^TW_{33}, M_{5,5} = -\varepsilon I, M_{5,10} = -W_{11}$$

$$M_{6,6} = -\varepsilon I, M_{6,11} = -W_{22}, M_{7,7} = -\varepsilon I$$

$$M_{7,8} = V^T, M_{7,9} = V^T, M_{8,8} = -I, M_{9,9} = -I$$

$$M_{10,10} = P_{21} - W_{11} - W_{11}^T, M_{10,11} = P_{22}$$

$$M_{10,12} = P_{23}, M_{11,11} = P_{24} - W_{22} - W_{22}^T$$

$$M_{11,12} = P_{25}, M_{12,12} = P_{26} - W_{33} - W_{33}^T$$

则系统(2-8)满足在零初始条件下其 H_∞ 性能指标小于 γ。

证明 考虑事件触发条件（2-4），选择 Lyapunov 函数

$$V_2(\xi(k)) = \xi^T(k)P_2\xi(k)$$

如果

$$V_2(\xi(k+1)) - V_2(\xi(k)) + (r(k) - Jf(k))T(r(k) - Jf(k)) -$$

$$\gamma^2 f^T(k)f(k) + \sigma y^T(k)y(k) - \varepsilon\tilde{\delta}^T(k)\tilde{\delta}(k) < 0 \quad (2\text{-}18)$$

则系统(2-8)满足在零初始条件下其 H_∞ 性能指标小于 γ。由

$$\Delta V_2 + (r - Jf)T(r - Jf) - \gamma^2 f^Tf + \sigma y^Ty - \varepsilon\tilde{\delta}^T\tilde{\delta}$$

$$= \xi^T(\tilde{A}^TP_2\tilde{A} - P_2)\xi + 2\xi^T\tilde{A}^TP_2\tilde{e}f + 2\xi^T\tilde{A}^TP_2\tilde{D}\tilde{\delta} +$$

$$f^T\tilde{e}^TP_2\tilde{e}f + 2f^T\tilde{e}^TP_2\tilde{D}\tilde{\delta} + \tilde{\delta}^T\tilde{D}^TP_2\tilde{D}\tilde{\delta} + \xi^T\tilde{C}_1^T\tilde{C}_1\xi +$$

$$2\xi^T\tilde{C}_1^T\tilde{D}_1\tilde{\delta} + \tilde{\delta}^T\tilde{D}_1^T\tilde{D}_1\tilde{\delta} - 2\xi^T\tilde{C}_1^TJf - 2\tilde{\delta}^T\tilde{D}_1^TJf +$$

$$f^TJ^TJf - \gamma^2 f^Tf + \sigma\xi^T\tilde{C}_2^T\tilde{C}_2\xi - \varepsilon\tilde{\delta}^T\tilde{\delta}$$

$$= \begin{bmatrix} \xi^T & f^T & \tilde{\delta}^T \end{bmatrix} \begin{bmatrix} \tilde{A}^TP_2\tilde{A} - P_2 + \tilde{C}_1^T\tilde{C}_1 + \sigma\tilde{C}_2^T\tilde{C}_2 & \tilde{A}^TP_2\tilde{e} - \tilde{C}_1^TJ & \tilde{A}^TP_2\tilde{D} + \tilde{C}_1^T\tilde{D}_1 \\ * & \tilde{e}^TP_2\tilde{e} + J^TJ - \gamma^2 I & \tilde{e}^TP_2\tilde{D} - J^T\tilde{D}_1 \\ * & * & \tilde{D}^TP_2\tilde{D} + \tilde{D}_1^T\tilde{D}_1 - \varepsilon I \end{bmatrix} \begin{bmatrix} \xi \\ f \\ \tilde{\delta} \end{bmatrix}$$

可知，如果下列不等式成立，则不等式(2-18)成立。

$$\begin{bmatrix} \widetilde{A}^{\mathrm{T}}P_2\widetilde{A} - P_2 + \widetilde{C}_1^{\mathrm{T}}\widetilde{C}_1 + \sigma\widetilde{C}_2^{\mathrm{T}}\widetilde{C}_2 & \widetilde{A}^{\mathrm{T}}P_2\widetilde{e} - \widetilde{C}_1^{\mathrm{T}}J & \widetilde{A}^{\mathrm{T}}P_2\widetilde{D} + \widetilde{C}_1^{\mathrm{T}}\widetilde{D}_1 \\ * & \widetilde{e}^{\mathrm{T}}P_2\widetilde{e} + J^{\mathrm{T}}J - \gamma^2 I & \widetilde{e}^{\mathrm{T}}P_2\widetilde{D} - J^{\mathrm{T}}\widetilde{D}_1 \\ * & * & \widetilde{D}^{\mathrm{T}}P_2\widetilde{D} + \widetilde{D}_1^{\mathrm{T}}\widetilde{D}_1 - \varepsilon I \end{bmatrix} < 0$$

上述不等式等价于

$$\begin{bmatrix} \widetilde{A}^{\mathrm{T}}P_2\widetilde{A} - P_2 + \sigma\widetilde{C}_2^{\mathrm{T}}\widetilde{C}_2 & \widetilde{A}^{\mathrm{T}}P_2\widetilde{e} & \widetilde{A}^{\mathrm{T}}P_2\widetilde{D} & \widetilde{C}_1^{\mathrm{T}} \\ * & \widetilde{e}^{\mathrm{T}}P_2\widetilde{e} - \gamma^2 I & \widetilde{e}^{\mathrm{T}}P_2\widetilde{D} & -J^{\mathrm{T}} \\ * & * & \widetilde{D}^{\mathrm{T}}P_2\widetilde{D} - \varepsilon I & \widetilde{D}_1^{\mathrm{T}} \\ * & * & * & -I \end{bmatrix} < 0$$

即

$$\begin{bmatrix} \widetilde{A}^{\mathrm{T}} \\ \widetilde{e}^{\mathrm{T}} \\ \widetilde{D}^{\mathrm{T}} \\ 0 \end{bmatrix} P_2 \begin{bmatrix} \widetilde{A} & \widetilde{e} & \widetilde{D} & 0 \end{bmatrix} + \begin{bmatrix} -P_2 + \sigma\widetilde{C}_2^{\mathrm{T}}\widetilde{C}_2 & 0 & 0 & \widetilde{C}_1^{\mathrm{T}} \\ * & -\gamma^2 I & 0 & -J^{\mathrm{T}} \\ * & * & -\varepsilon I & \widetilde{D}_1^{\mathrm{T}} \\ * & * & * & -I \end{bmatrix} < 0 \quad (2\text{-}19)$$

引入与定理 2-1 相同的松弛变量 W，不等式(2-19)等价于

$$\begin{bmatrix} -P_2 + \sigma\widetilde{C}_2^{\mathrm{T}}\widetilde{C}_2 & 0 & 0 & \widetilde{C}_1^{\mathrm{T}} & -\widetilde{A}^{\mathrm{T}}W \\ * & -\gamma^2 I & 0 & -J^{\mathrm{T}} & -\widetilde{e}^{\mathrm{T}}W \\ * & * & -\varepsilon I & \widetilde{D}_1^{\mathrm{T}} & -\widetilde{D}^{\mathrm{T}}W \\ * & * & * & -I & 0 \\ * & * & * & * & P_2 - W - W^{\mathrm{T}} \end{bmatrix} < 0$$

类似于定理 2-1，定义 $X = \underline{L}^{\mathrm{T}}W_{11}, Y = \overline{L}^{\mathrm{T}}W_{22}, R = \underline{F}^{\mathrm{T}}W_{11}, S = \overline{F}^{\mathrm{T}}W_{22}$，则上述不等式等价于

$$\begin{bmatrix} \boldsymbol{\Psi}_{11} & 0 & 0 & \widetilde{C}_1^{\mathrm{T}} & \boldsymbol{\Psi}_{15} \\ * & -\gamma^2 I & 0 & -J^{\mathrm{T}} & \boldsymbol{\Psi}_{25} \\ * & * & -\varepsilon I & \widetilde{D}_1^{\mathrm{T}} & \boldsymbol{\Psi}_{35} \\ * & * & * & -I & 0 \\ * & * & * & * & \boldsymbol{\Psi}_{55} \end{bmatrix} < 0 \quad (2\text{-}20)$$

其中

$$\boldsymbol{\Psi}_{11} = \begin{bmatrix} -P_{21} & -P_{22} & -P_{23} \\ * & -P_{24} & -P_{25} \\ * & * & -P_{26} + \sigma C^{\mathrm{T}}C \end{bmatrix}$$

$$\Psi_{35} = -\begin{bmatrix} W_{11} & 0 & 0 \\ 0 & W_{22} & 0 \\ 0 & 0 & 0 \end{bmatrix}$$

$$\Psi_{15} = \begin{bmatrix} -A^{\mathrm{T}}W_{11} + C^{\mathrm{T}}X - R & -S & 0 \\ -R & -A^{\mathrm{T}}W_{22} + C^{\mathrm{T}}Y - S & 0 \\ 0 & 0 & -A^{\mathrm{T}}W_{33} \end{bmatrix}$$

$$\Psi_{25} = -\begin{bmatrix} E^{\mathrm{T}}W_{11} & -E^{\mathrm{T}}W_{22} & E^{\mathrm{T}}W_{33} \end{bmatrix}$$

$$\Psi_{55} = \begin{bmatrix} P_{21} - W_{11} - W_{11}^{\mathrm{T}} & P_{22} & P_{23} \\ * & P_{24} - W_{22} - W_{22}^{\mathrm{T}} & P_{25} \\ * & * & P_{26} - W_{33} - W_{33}^{\mathrm{T}} \end{bmatrix}$$

如果不等式(2-17)成立,则不等式(2-20)成立,证毕。

2.3.3 非负条件

本节将基于 LMI 技术给出矩阵 $\widetilde{A}$ 的非负性条件。由于在上面提到的定理中引入了松弛变量,使 Lyapunov 矩阵和系统矩阵得以解耦,从而非负限制得以从 Lyapunov 矩阵转移到松弛矩阵上。因此,针对 n 阶系统,我们给出如下的定理。

定理 2-3 如果存在矩阵

$$W_{11} = \begin{bmatrix} W_{111} & 0 & \cdots & 0 \\ 0 & W_{112} & \cdots & 0 \\ \vdots & \vdots & & \vdots \\ 0 & 0 & \cdots & W_{11n} \end{bmatrix}$$

$$W_{22} = \begin{bmatrix} W_{221} & 0 & \cdots & 0 \\ 0 & W_{222} & \cdots & 0 \\ \vdots & \vdots & & \vdots \\ 0 & 0 & \cdots & W_{22n} \end{bmatrix}$$

$$R = \begin{bmatrix} R_{11} & R_{12} & \cdots & R_{1n} \\ R_{21} & R_{22} & \cdots & R_{2n} \\ \vdots & \vdots & & \vdots \\ R_{n1} & R_{n2} & \cdots & R_{nn} \end{bmatrix}$$

$$S = \begin{bmatrix} S_{11} & S_{12} & \cdots & S_{1n} \\ S_{21} & S_{22} & \cdots & S_{2n} \\ \vdots & \vdots & & \vdots \\ S_{n1} & S_{n2} & \cdots & S_{nn} \end{bmatrix}$$

和矩阵

$$X = \begin{bmatrix} X_1 & X_2 & \cdots & X_n \end{bmatrix}$$

$$Y = \begin{bmatrix} Y_1 & Y_2 & \cdots & Y_n \end{bmatrix}$$

使得

$$\begin{cases} \prod_{n1} \geqslant 0 \\ \prod_{n2} \geqslant 0 \end{cases} \tag{2-21}$$

成立。其中

$$\begin{cases} \prod_{n1} = W_{11g} a_{gh} - X_g^\mathrm{T} c_h + R_{hg} \\ \prod_{n2} = W_{22g} a_{gh} - Y_g^\mathrm{T} c_h + S_{hg} \\ g, h = 1, 2, \cdots, n \end{cases}$$

则矩阵 $\widetilde{A}$ 是非负的。

证明 首先,考虑二阶系统

$$A = (a_{gh})_{2 \times 2}, C = \begin{bmatrix} c_1 & c_2 \end{bmatrix}$$

定义区间观测器增益如下

$$\underline{L} = \begin{bmatrix} \underline{l}_1 \\ \underline{l}_2 \end{bmatrix}, \overline{L} = \begin{bmatrix} \overline{l}_1 \\ \overline{l}_2 \end{bmatrix}, \underline{F} = \begin{bmatrix} \underline{f}_{11} & \underline{f}_{12} \\ \underline{f}_{21} & \underline{f}_{22} \end{bmatrix}, \overline{F} = \begin{bmatrix} \overline{f}_{11} & \overline{f}_{12} \\ \overline{f}_{21} & \overline{f}_{22} \end{bmatrix}$$

则

$$\begin{cases} A - \underline{L}C + \underline{F} = \begin{bmatrix} a_{11} - \underline{l}_1^\mathrm{T} c_1 + \underline{f}_{11} & a_{12} - \underline{l}_1^\mathrm{T} c_2 + \underline{f}_{12} \\ a_{21} - \underline{l}_2^\mathrm{T} c_1 + \underline{f}_{21} & a_{22} - \underline{l}_2^\mathrm{T} c_2 + \underline{f}_{22} \end{bmatrix} \\ A - \overline{L}C + \overline{F} = \begin{bmatrix} a_{11} - \overline{l}_1^\mathrm{T} c_1 + \overline{f}_{11} & a_{12} - \overline{l}_1^\mathrm{T} c_2 + \overline{f}_{12} \\ a_{21} - \overline{l}_2^\mathrm{T} c_1 + \overline{f}_{21} & a_{22} - \overline{l}_2^\mathrm{T} c_2 + \overline{f}_{22} \end{bmatrix} \end{cases} \tag{2-22}$$

基于非负矩阵的定义,非负限制等价于

$$a_{gh} - \underline{l}_g^\mathrm{T} c_h + \underline{f}_{gh} \geqslant 0, a_{gh} - \overline{l}_g^\mathrm{T} c_h + \overline{f}_{gh} \geqslant 0, g, h = 1, 2 \tag{2-23}$$

进一步地,选择松弛变量

$$W_{11} = \begin{bmatrix} W_{111} & 0 \\ 0 & W_{112} \end{bmatrix} > 0, W_{22} = \begin{bmatrix} W_{221} & 0 \\ 0 & W_{222} \end{bmatrix} > 0$$

并且定义

$$X^\mathrm{T} = W_{11}^\mathrm{T} \underline{L} = \begin{bmatrix} X_1^\mathrm{T} \\ X_2^\mathrm{T} \end{bmatrix}$$

$$Y^{\mathrm{T}} = W_{22}^{\mathrm{T}}\overline{L} = \begin{bmatrix} Y_1^{\mathrm{T}} \\ Y_2^{\mathrm{T}} \end{bmatrix}$$

$$R^{\mathrm{T}} = W_{11}^{\mathrm{T}}\underline{F} = \begin{bmatrix} R_{11} & R_{21} \\ R_{12} & R_{22} \end{bmatrix}$$

$$S^{\mathrm{T}} = W_{12}^{\mathrm{T}}\overline{F} = \begin{bmatrix} S_{11} & S_{21} \\ S_{12} & S_{22} \end{bmatrix}$$

对式(2-22)左侧乘以 W_{11}^{T} 和 W_{22}^{T},得到非负限制式(2-23),可转化成如下不等式

$$\prod\nolimits_{21} \geqslant 0, \prod\nolimits_{22} \geqslant 0$$

其中

$$\begin{cases} \prod\nolimits_{21} = W_{11g}a_{gh} - X_g^{\mathrm{T}}c_h + R_{hg} \\ \prod\nolimits_{22} = W_{22g}a_{gh} - Y_g^{\mathrm{T}}c_h + S_{hg} \\ g, h = 1, 2 \end{cases}$$

类似地,考虑 n 阶系统

$$A = (a_{gh})_{n \times n}$$

$$C = \begin{bmatrix} c_1 & c_2 & \cdots & c_n \end{bmatrix}$$

定义区间观测器增益为

$$\underline{L} = \begin{bmatrix} \underline{l}_1^{\mathrm{T}} & \underline{l}_2^{\mathrm{T}} & \cdots & \underline{l}_n^{\mathrm{T}} \end{bmatrix}^{\mathrm{T}}$$

$$\overline{L} = \begin{bmatrix} \overline{l}_1^{\mathrm{T}} & \overline{l}_2^{\mathrm{T}} & \cdots & \overline{l}_n^{\mathrm{T}} \end{bmatrix}^{\mathrm{T}}$$

$$\underline{F} = \begin{bmatrix} \underline{f}_{11} & \underline{f}_{12} & \cdots & \underline{f}_{1n} \\ \underline{f}_{21} & \underline{f}_{22} & \cdots & \underline{f}_{2n} \\ \vdots & \vdots & & \vdots \\ \underline{f}_{n1} & \underline{f}_{n2} & \cdots & \underline{f}_{nn} \end{bmatrix}$$

$$\overline{F} = \begin{bmatrix} \overline{f}_{11} & \overline{f}_{12} & \cdots & \overline{f}_{1n} \\ \overline{f}_{21} & \overline{f}_{22} & \cdots & \overline{f}_{2n} \\ \vdots & \vdots & & \vdots \\ \overline{f}_{n1} & \overline{f}_{n2} & \cdots & \overline{f}_{nn} \end{bmatrix}$$

可得非负条件式(2-21),证毕。

2.3.4 事件触发区间观测器设计

结合定理2-1、定理2-2和定理2-3,可得如下事件触发区间观测器设计的算法。

算法2-1 事件触发区间观测器可以通过求解如下的优化问题得到:

$$\begin{cases} \min_{P_1>0,P_2>0,W_{11}>0,W_{22}>0,X,Y} \rho_1\beta+\rho_2\gamma+\rho_3\varepsilon-\rho_4\sigma \\ \text{s. t. } 式(2\text{-}9),式(2\text{-}17),式(2\text{-}21) \end{cases} \tag{2-24}$$

其中，$\rho_1>0$、$\rho_2>0$、$\rho_3>0$、$\rho_4>0$ 分别为给定的优化权重因子。

观测器增益如下：

$$\underline{L}=W_{11}^{-\mathrm{T}}X^{\mathrm{T}},\overline{L}=W_{22}^{-\mathrm{T}}Y^{\mathrm{T}}$$

$$\underline{F}=W_{11}^{-\mathrm{T}}R^{\mathrm{T}},\overline{F}=W_{22}^{-\mathrm{T}}S^{\mathrm{T}}$$

注 2-3 优化权重因子 $\rho_1,\rho_2,\rho_3,\rho_4$ 的作用是折中故障检测性能和通信要求。

注 2-4 令 $W_{33}=W_{33}^{\mathrm{T}}>0$，$P_1=P_2=W$，算法 2-1 可退化到基于对角 Lyapunov 函数的结果。在仿真算例中，将验证本章所提方法比退化后的方法保守性更小。

2.3.5 故障检测方案

在算法 2-1 的基础上，结合上下界残差构成的残差区间，将给出故障检测方案。考虑到区间特性和扰动抑制性能(2)，$0\in[\underline{r}_i(k),\overline{r}_i(k)]$($i=1,2,\cdots,s$)在无故障的情况下成立，并且鲁棒性得到提高。当故障发生后，区间特性不再成立。另外，在故障敏感性能(3)下，故障对残差区间的影响被最大化。图 2-1 描述了故障检测方案。具体决策方案描述如下：在故障检测决策方案中，如果至少有一个残差区间满足 $0\notin[\underline{r}_i(k),\overline{r}_i(k)]$，($i=1,2,\cdots,s$)，则报警。

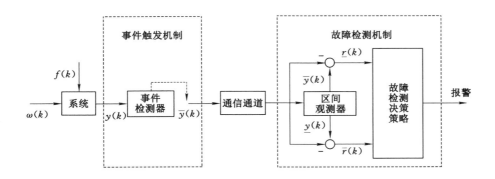

图 2-1 故障检测方案

2.4 仿真算例

为了说明本章所提方法的有效性，本节将考虑文献[52]中提到的单轨模型。取车身侧滑角和角速度为状态变量，采用零阶保持等价法和采用周期 $T=0.1$ s，则可得如下离散模型

$$\begin{cases} x(k+1)=Ax(k)+B\omega(k)+Ef(k) \\ y(k)=Cx(k) \end{cases}$$

其中，$A=\begin{bmatrix} 0.633\ 3 & -0.067\ 2 \\ 2.057\ 0 & 0.608\ 2 \end{bmatrix}$，$B=\begin{bmatrix} -0.065\ 3 \\ 3.446\ 2 \end{bmatrix}$，$E=\begin{bmatrix} 2 \\ 3 \end{bmatrix}$，$C=\begin{bmatrix} 0 & 1 \end{bmatrix}$。

假设初始条件为 $\underline{x}(0)=x(0)=\overline{x}(0)=0$，则扰动信号及其上、下界分别为

$$\begin{cases} \omega(k)=0.2\sin(0.05k)+0.1\cos(0.05k) \\ \overline{\omega}(k)=0.2\sin(0.05k)+0.1 \\ \underline{\omega}(k)=0.2\sin(0.05k)-0.1 \end{cases}$$

系统在 $k=150$ 时发生故障，则

$$f(k)=\begin{cases} 1.4, & k>150 \\ 0, & \text{其他} \end{cases}$$

取 $\alpha=0.68$，$\rho_1=\rho_2=1$，$\rho_3=\rho_4=1\times10^3$（情况 1），给定 $V=0.35$，解优化问题式（2-24），得到如下矩阵

$$P_1=\begin{bmatrix} 1.530\ 6 & -0.130\ 8 & 0.002\ 5 & -0.001\ 3 & 0 & 0 \\ -0.130\ 8 & 0.104\ 3 & -0.001\ 3 & -0.000\ 6 & 0 & 0 \\ 0.002\ 5 & -0.001\ 3 & 1.530\ 7 & -0.130\ 8 & 0 & 0 \\ -0.001\ 3 & -0.000\ 6 & -0.130\ 8 & 0.104\ 3 & 0 & 0 \\ 0 & 0 & 0 & 0 & 13.570\ 4 & 0.353\ 3 \\ 0 & 0 & 0 & 0 & 0.353\ 3 & 0.535\ 3 \end{bmatrix}$$

$$P_2=\begin{bmatrix} 1.792\ 8 & -0.0717 & -0.038\ 4 & 0.016\ 0 & 0.143\ 6 & -0.030\ 7 \\ -0.071\ 7 & 0.144\ 4 & 0.016\ 0 & -0.005\ 1 & -0.035\ 4 & 0.006\ 9 \\ -0.038\ 4 & 0.016\ 0 & 1.792\ 8 & -0.071\ 7 & -0.143\ 6 & 0.030\ 7 \\ 0.016\ 0 & -0.005\ 1 & -0.071\ 7 & 0.144\ 4 & 0.035\ 4 & -0.006\ 9 \\ 0.143\ 6 & -0.035\ 4 & -0.143\ 6 & 0.035\ 4 & 10.725\ 7 & -0.420\ 4 \\ -0.030\ 7 & 0.006\ 9 & 0.030\ 7 & -0.006\ 9 & -0.420\ 4 & 0.424\ 2 \end{bmatrix}$$

$$W=\begin{bmatrix} 1.4005 & 0 & 0 & 0 & 0 & 0 \\ 0 & 0.088\ 4 & 0 & 0 & 0 & 0 \\ 0 & 0 & 1.400\ 5 & 0 & 0 & 0 \\ 0 & 0 & 0 & 0.088\ 4 & 0 & 0 \\ 0 & 0 & 0 & 0 & 12.365\ 0 & 0.2474 \\ 0 & 0 & 0 & 0 & -0.080\ 8 & 0.510\ 1 \end{bmatrix}$$

观测器增益为

$$\underline{L} = \begin{bmatrix} -0.067\ 2 \\ 0.625\ 5 \end{bmatrix}, \overline{L} = \begin{bmatrix} -0.067\ 2 \\ 0.625\ 5 \end{bmatrix}$$

$$\underline{F} = \begin{bmatrix} 0 & 0 \\ 0 & 0.017\ 3 \end{bmatrix}, \overline{F} = \begin{bmatrix} 0 & 0 \\ 0 & 0.017\ 3 \end{bmatrix}$$

其仿真结果如图 2-2 至图 2-4 所示。图 2-2 给出了输出及其上下界估计。由图 2-2(a) 可知,$\underline{y}(k) \leqslant y(k) \leqslant \overline{y}(k)$ 成立。由图 2-2(b) 可知,$\underline{y}(k) \leqslant y(k) \leqslant \overline{y}(k)$ 在故障发生后不再成立。图 2-3 给出了残差信号。由图 2-3(b) 可知,在 $k = 155$ 后,$0 \notin [\underline{r}(k), \overline{r}(k)]$,即故障被成功检测。同时,图 2-4 给出了事件触发时间间隔。由此可见,事件触发机制有效地减少了信号的传输。

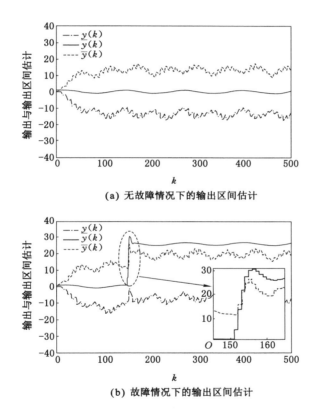

(a) 无故障情况下的输出区间估计

(b) 故障情况下的输出区间估计

图 2-2   无故障和故障情况下的输出区间估计

类似地,考虑到 $\rho_1 = \rho_2 = 1 \times 10^3, \rho_3 = \rho_4 = 1$(情况 2),性能指数和事件触发参数在表 2-1 中给出。由表 2-1 可知,当选择较大的 ρ_3、ρ_4 时,可以得到更好的事件触发性能。当选择较大的 ρ_1、ρ_2 时,可以得到更好的故障检测性能。显然,表 2-1 展示了故障检测性能与事件触发性能之间的折中。

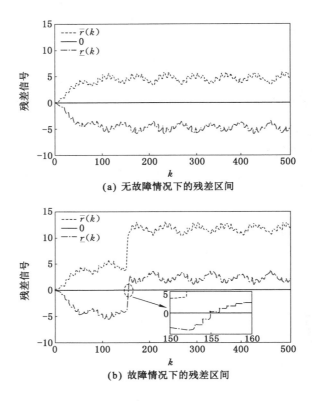

图 2-3　无故障和故障情况下的残差区间

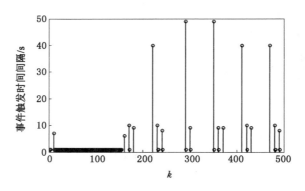

图 2-4　事件触发时间间隔

表 2-1　不同权重因子的情况

因子	β	γ	ε	σ
情况 1	66.525 1	14.243 1	5.402 6	0.113 7
情况 2	3.619 2	4.782 0	261.911 9	$9.635\ 3 \times 10^{-9}$

此外,如注 2-4 所述,令 $W_{33}=W_{33}^{\mathrm{T}}>0,P_1=P_2=W$,为了方便与文献[95]和文献[151]中的结果相比较,在给定相同的事件触发参数的情况下,可得情况 2 下的扰动抑制性能指数为 $\beta=7.801\ 4$。至于情况 1,LMI 是不可行的。结果表明,本章所提方法比已有的基于对角 Lyapunov 矩阵的方法保守性更小。

2.5　本章小结

本章针对离散系统提出了基于事件触发的故障检测方法。首先,构造了基于事件触发机制的区间观测器。其次,故障检测问题转化成了一个优化问题,观测器增益可以通过求解扰动抑制、故障敏感和非负条件获得,所产生的残差区间直接被用于故障检测决策。最后,通过仿真结果证明了本章所提方法的有效性。

3　基于参数依赖区间观测器的线性参数变化系统故障检测

3.1　引言

固有非线性及较大的运行范围是很多实际系统不可忽略的特性。线性时,不变系统不能完全描述这样的实际系统。事实上,线性参数变化系统在描述上述特性时是有优势的。线性参数变化系统可以看成是不同工作点的一系列线性系统。采用线性参数变化系统来描述实际系统的优势在于能够充分利用线性系统理论处理控制和估计问题[153-155]。就保守性方面来说:一方面,与参数不依赖的 Lyapunov 函数相比,参数依赖的 Lyapunov 函数能够降低设计条件的保守性[156-158];另一方面,在参数可测的情况下,设计参数依赖的控制器和滤波器也是一种减小保守性的方法[159]。此方法的主要优势在于能够充分利用系统信息。

近年来,线性参数变化系统的故障检测备受关注。例如,文献[115]和文献[116]提出了 H_∞ / H_- 滤波器以实现鲁棒性和故障敏感性指标;文献[117]应用多胞型未知输入比例积分观测器来估计系统状态和故障信号。然而,上述故障诊断方法中均采用的是参数不依赖的 Lyapunov 函数。为了降低保守性,文献[118]采用参数依赖的 Lyapunov 函数设计了一个多胞型线性参数变化滤波器。但是,由于引入了参数不依赖的松弛变量,上述方法给出的设计条件仍然是保守的。

综合上述考虑,本章针对离散线性参数变化系统提出了一种基于区间观测器的故障检测方法。首先,构造一个参数依赖的故障检测区间观测器。其次,引入 l_1 和 H_∞ 性能从而提高残差区间鲁棒性和故障敏感性。再次,参数依赖的扰动抑制、故障敏感和非负条件被转化成一系列 LMI。最后,本章所提方法将通过仿真算例验证其有效性和优越性。

3.2 故障检测问题描述

3.2.1 系 统 描 述

考虑如下离散线性参数变化系统

$$\begin{cases} x(k+1) = A(\alpha)x(k) + B(\alpha)\omega(k) + E(\alpha)f(k) \\ y(k) = C(\alpha)x(k) \end{cases} \tag{3-1}$$

其中,$x(k) \in \mathbb{R}^n$ 和 $y(k) \in \mathbb{R}^q$ 是系统状态和输出;$\omega(k) \in \mathbb{R}^p$ 是外部扰动;$f(k) \in \mathbb{R}^s$ 表示属于 l_2 的故障信号;矩阵 $A(\alpha)$、$B(\alpha)$、$E(\alpha)$、$C(\alpha)$ 分别为已知矩阵,假设 $\Omega(\alpha) = (A(\alpha), B(\alpha), E(\alpha), C(\alpha)) \in \mathbb{R}$,其中 $\mathbb{R}$ 为一个有 N 个顶点的凸有界多面体域。也就是说,

$$\mathbb{R} = \{\Omega(\alpha) = \sum_{i=1}^{N} \rho_i(\alpha)\Omega_i; \sum_{i=1}^{N} \rho_i(\alpha) = 1, \rho_i(\alpha) \geqslant 0\}$$

$\Omega_i = (A_i, B_i, E_i, C_i)$ 表示多胞型的第 i 个顶点。假设 α 不赖于时间变量但可以在线测量,而且,(C_i, A_i) 是可观测的。

为了检测故障,本章将设计区间观测器。首先,给出如下假设条件。

假设 3-1 存在已知的界函数 $\underline{\omega}(k) \in \mathbb{R}^p$,$\overline{\omega}(k) \in \mathbb{R}^p$ 使得

$$\underline{\omega}(k) \leqslant \omega(k) \leqslant \overline{\omega}(k) \tag{3-2}$$

注 3-1 与第 2 章类似,假设 3-1 意味着扰动的上、下界是需要已知的。这样的假设在区间观测器相关的文献[95]和 l_1 滤波相关的文献[152]中是常用的。

3.2.2 参 数 依 赖 的 区 间 观 测 器

在本小节中,首先构造如下的参数依赖区间观测器

$$\begin{cases} \underline{x}(k+1) = (A(\alpha) - \underline{L}(\alpha)C(\alpha))\underline{x}(k) + \underline{L}(\alpha)y(k) + B^+(\alpha)\underline{\omega}(k) - \\ \qquad B^-(\alpha)\overline{\omega}(k) - \underline{F}(\alpha)(\overline{x}(k) - \underline{x}(k)) \\ \overline{x}(k+1) = (A(\alpha) - \overline{L}(\alpha)C(\alpha))\overline{x}(k) + \overline{L}(\alpha)y(k) + B^+(\alpha)\overline{\omega}(k) - \\ \qquad B^-(\alpha)\underline{\omega}(k) + \overline{F}(\alpha)(\overline{x}(k) - \underline{x}(k)) \\ \underline{y}(k) = C^+(\alpha)\underline{x}(k) - C^-(\alpha)\overline{x}(k) \\ \overline{y}(k) = C^+(\alpha)\overline{x}(k) - C^-(\alpha)\underline{x}(k) \\ \underline{r}(k) = V(\alpha)(y(k) - \overline{y}(k)) \\ \overline{r}(k) = V(\alpha)(y(k) - \underline{y}(k)) \end{cases} \tag{3-3}$$

其中,$\underline{x}(k) \in \mathbb{R}^n$,$\overline{x}(k) \in \mathbb{R}^n$ 表示状态的上、下界估计;$\underline{y}(k) \in \mathbb{R}^q$,$\overline{y}(k) \in \mathbb{R}^q$ 表示输出的上、下界估计;$\underline{r}(k) \in \mathbb{R}^s$,$\overline{r}(k) \in \mathbb{R}^s$ 表示上、下界残差;$V(\alpha) \in \mathbb{R}^{s \times s}$ 为一正矩阵;$\underline{L}(\alpha) \in \mathbb{R}^{n \times q}$,$\overline{L}(\alpha) \in \mathbb{R}^{n \times q}$,$\underline{F}(\alpha) \in \mathbb{R}^{n \times n}$,$\overline{F}(\alpha) \in \mathbb{R}^{n \times n}$ 分别为待定的参数依赖观测器增益,且系统矩阵为

$$\begin{cases} B^+(\alpha) = \sum_{i=1}^{N} \rho_i(\alpha)B_i^+, B^-(\alpha) = \sum_{i=1}^{N} \rho_i(\alpha)B_i^- \\ C^+(\alpha) = \sum_{i=1}^{N} \rho_i(\alpha)C_i^+, C^-(\alpha) = \sum_{i=1}^{N} \rho_i(\alpha)C_i^- \end{cases}$$

定义 $\underline{e}(k)=x(k)-\underline{x}(k),\overline{e}(k)=\overline{x}(k)-x(k)$，则可得如下的估计误差动态系统

$$\begin{cases} \underline{e}(k+1)=(A(\alpha)-\underline{L}(\alpha)C(\alpha)+\underline{F}(\alpha))\underline{e}(k)+\underline{F}(\alpha)\overline{e}(k)+B(\alpha)\omega(k)- \\ \qquad (B^+(\alpha)\underline{\omega}(k)-B^-(\alpha)\overline{\omega}(k))+E(\alpha)f(k) \\ \overline{e}(k+1)=(A(\alpha)-\overline{L}(\alpha)C(\alpha)+\overline{F}(\alpha))\overline{e}(k)+\overline{F}(\alpha)\underline{e}(k)+(B^+(\alpha)\overline{\omega}(k)- \\ \qquad B^-(\alpha)\underline{\omega}(k))-B(\alpha)\omega(k)-E(\alpha)f(k) \end{cases} \tag{3-4}$$

进一步地，考虑到上、下界误差之间的耦合，定义增广向量为

$$\xi(k)=\begin{bmatrix} \underline{e}(k) \\ \overline{e}(k) \end{bmatrix}$$

$$r(k)=\begin{bmatrix} \underline{r}(k) \\ \overline{r}(k) \end{bmatrix}$$

$$\tilde{\omega}(k)=\begin{bmatrix} \omega(k)-\underline{\omega}(k) \\ \overline{\omega}(k)-\omega(k) \end{bmatrix}$$

进而将系统(3-4)写成紧凑的形式，即

$$\begin{cases} \xi(k+1)=\widetilde{A}(\alpha)\xi(k)+\widetilde{B}(\alpha)\tilde{\omega}(k)+\tilde{e}(\alpha)f(k) \\ r(k)=\widetilde{C}(\alpha)\xi(k) \end{cases} \tag{3-5}$$

其中

$$\widetilde{A}(\alpha)=\begin{bmatrix} A(\alpha)-\underline{L}(\alpha)C(\alpha)+\underline{F}(\alpha) & \underline{F}(\alpha) \\ \overline{F}(\alpha) & A(\alpha)-\overline{L}(\alpha)C(\alpha)+\overline{F}(\alpha) \end{bmatrix}$$

$$\tilde{e}(\alpha)=\begin{bmatrix} E(\alpha) \\ -E(\alpha) \end{bmatrix}$$

$$\widetilde{B}(\alpha)=\begin{bmatrix} B^+(\alpha) & B^-(\alpha) \\ B^-(\alpha) & B^+(\alpha) \end{bmatrix}$$

$$\widetilde{C}(\alpha)=\begin{bmatrix} -V(\alpha)C^-(\alpha) & -V(\alpha)C^+(\alpha) \\ V(\alpha)C^+(\alpha) & V(\alpha)C^-(\alpha) \end{bmatrix}$$

在式(3-5)中，$\widetilde{B}(\alpha)\geqslant 0,\tilde{\omega}(k)\geqslant 0$ 成立。

受非负系统启发，如果矩阵 $\widetilde{A}(\alpha)$ 是非负的，并且初始条件满足 $\xi(0)\geqslant 0$，则在无故障的情况下，$\xi(k)\geqslant 0$ 成立。进一步可得

$$\underline{e}(k)\geqslant 0,\overline{e}(k)\geqslant 0$$

$$\underline{x}(k)\leqslant x(k)\leqslant \overline{x}(k)$$

$$\underline{y}(k)\leqslant y(k)\leqslant \overline{y}(k)$$

$$0\in[\underline{r}_m(k),\overline{r}_m(k)](m=1,2,\cdots,s)$$

那么，故障检测问题归纳为设计区间观测器(3-3)，使得：

(1) $\widetilde{A}(\alpha)$ 是 Schur 稳定的且非负的。

(2) (l_1 性能) 从 $\tilde{\omega}(k)$ 到 $r(k)$ 的 l_∞ 范数在零初始条件下满足：

$$\sup_{\tilde{\omega}(k)\in l_\infty}\frac{\|r(k)\|_\infty}{\|\tilde{\omega}(k)\|_\infty}<\beta$$

(3)（H_∞ 性能）从 $f(k)$ 到 $r(k)-Jf(k)$ 的 l_2 范数在零初始条件下满足：

$$\| r(k)-Jf(k) \|_2 < \gamma \| f(k) \|_2$$

其中，$J_1 \in \mathbb{R}^{s \times s}$ 为权重矩阵，$J=\begin{bmatrix} J_1^{\mathrm{T}} & J_1^{\mathrm{T}} \end{bmatrix}^{\mathrm{T}}$。

指标(1)是误差动态非负性和稳定性条件。指标(2)在 l_∞ 范数意义下给出了上、下界残差对持续有界扰动的鲁棒性。指标(3)给出的 H_∞ 性能用于描述故障敏感度。

3.3　参数依赖的区间观测器设计

3.3.1　扰动抑制条件

在本节中，扰动抑制条件由下面的定理给出。

定理 3-1　对于给定的常数 $\beta>0$，如果存在矩阵

$$P_1(\alpha)=\begin{bmatrix} P_{11}(\alpha) & P_{12}(\alpha) \\ P_{12}^{\mathrm{T}}(\alpha) & P_{13}(\alpha) \end{bmatrix} > 0$$

$$W(\alpha)=\begin{bmatrix} W_{11}(\alpha) & 0 \\ 0 & W_{22}(\alpha) \end{bmatrix}$$

$$X(\alpha),Y(\alpha),R(\alpha),S(\alpha)$$

及正矩阵 $V(\alpha)$ 和标量 $\mu>0$、$0<\lambda<1$ 使得不等式

$$\Phi(\alpha) < 0, \Omega(\alpha) < 0 \tag{3-6}$$

成立。其中

$$\Phi(\alpha)=\begin{bmatrix} -\lambda P_{11}(\alpha) & -\lambda P_{12}(\alpha) & 0 & 0 & -A^{\mathrm{T}}(\alpha)W_{11}(\alpha)+C^{\mathrm{T}}(\alpha)X(\alpha)-R(\alpha) & -S(\alpha) \\ * & -\lambda P_{13}(\alpha) & 0 & 0 & -R(\alpha) & -A^{\mathrm{T}}(\alpha)W_{22}(\alpha)+C^{\mathrm{T}}(\alpha)Y(\alpha)-S(\alpha) \\ * & * & -\mu I & 0 & -B^{+\mathrm{T}}(\alpha)W_{11}(\alpha) & -B^{-\mathrm{T}}(\alpha)W_{22}(\alpha) \\ * & * & * & -\mu I & -B^{-\mathrm{T}}(\alpha)W_{11}(\alpha) & -B^{+\mathrm{T}}(\alpha)W_{22}(\alpha) \\ * & * & * & * & P_{11}(\alpha)-W_{11}(\alpha)-W_{11}^{\mathrm{T}}(\alpha) & P_{12}(\alpha) \\ * & * & * & * & * & P_{13}(\alpha)-W_{22}(\alpha)-W_{22}^{\mathrm{T}}(\alpha) \end{bmatrix}$$

$$\Omega(\alpha)=\begin{bmatrix} -(1-\lambda)P_{11}(\alpha) & -(1-\lambda)P_{12}(\alpha) & 0 & -C^{-\mathrm{T}}(\alpha)V^{\mathrm{T}}(\alpha) & C^{+\mathrm{T}}(\alpha)V^{\mathrm{T}}(\alpha) \\ * & -(1-\lambda)P_{13}(\alpha) & 0 & -C^{+\mathrm{T}}(\alpha)V^{\mathrm{T}}(\alpha) & C^{-\mathrm{T}}(\alpha)V^{\mathrm{T}}(\alpha) \\ * & * & -(\beta-\mu)I & 0 & 0 \\ * & * & * & -\beta I & 0 \\ * & * & * & * & -\beta I \end{bmatrix}$$

则系统(3-5)是渐近稳定的，并且在零初始条件下其 l_1 性能指标小于 β。

证明　考虑参数依赖的 Lyapunov 函数 $V_1(\xi(k))=\xi^{\mathrm{T}}(k)P_1(\alpha)\xi(k)$，如果如下不等式

$$V_1(\xi(k+1))-\lambda V_1(\xi(k))-\mu\tilde{\omega}^{\mathrm{T}}(k)\tilde{\omega}(k) < 0 \tag{3-7}$$

$$r^{\mathrm{T}}(k)r(k)-\beta[(1-\lambda)V_1(\xi(k))+(\beta-\mu)\tilde{\omega}^{\mathrm{T}}(k)\tilde{\omega}(k)] < 0 \tag{3-8}$$

成立，则系统(3-5)是渐近稳定的，并且在零初始条件下其 l_1 性能指标小于 β。由

$$V_1(\xi(k+1))-\lambda V_1(\xi(k))-\mu\tilde{\omega}^{\mathrm{T}}(k)\tilde{\omega}(k)$$

$$=\xi^{\mathrm{T}}(\tilde{A}^{\mathrm{T}}(\alpha)P_1(\alpha)\tilde{A}(\alpha)-\lambda P_1(\alpha))\xi+2\xi^{\mathrm{T}}\tilde{A}^{\mathrm{T}}(\alpha)P_1(\alpha)\tilde{B}(\alpha)\tilde{\omega}+$$

$$\widetilde{\omega}^{\mathrm{T}}\widetilde{B}^{\mathrm{T}}(\alpha)P_1(\alpha)\widetilde{B}(\alpha)\widetilde{\omega} - \mu\widetilde{\omega}^{\mathrm{T}}\widetilde{\omega}$$

$$= \begin{bmatrix}\xi^{\mathrm{T}} & \widetilde{\omega}^{\mathrm{T}}\end{bmatrix}\begin{bmatrix}\widetilde{A}^{\mathrm{T}}(\alpha)P_1(\alpha)\widetilde{A}(\alpha)-\lambda P_1(\alpha) & \widetilde{A}^{\mathrm{T}}(\alpha)P_1(\alpha)\widetilde{B}(\alpha) \\ * & \widetilde{B}^{\mathrm{T}}(\alpha)P_1(\alpha)\widetilde{B}(\alpha)-\mu I\end{bmatrix}\begin{bmatrix}\xi \\ \widetilde{\omega}\end{bmatrix}$$

可知,如果如下不等式成立,则不等式(3-7)成立。

$$\begin{bmatrix}\widetilde{A}^{\mathrm{T}}(\alpha)P_1(\alpha)\widetilde{A}(\alpha)-\lambda P_1(\alpha) & \widetilde{A}^{\mathrm{T}}(\alpha)P_1(\alpha)\widetilde{B}(\alpha) \\ * & \widetilde{B}^{\mathrm{T}}(\alpha)P_1(\alpha)\widetilde{B}(\alpha)-\mu I\end{bmatrix} < 0 \qquad (3\text{-}9)$$

不等式(3-9)可改写为

$$\begin{bmatrix}\widetilde{A}^{\mathrm{T}}(\alpha) \\ \widetilde{B}^{\mathrm{T}}(\alpha)\end{bmatrix}P_1(\alpha)\begin{bmatrix}\widetilde{A}(\alpha) & \widetilde{B}(\alpha)\end{bmatrix} + \begin{bmatrix}-\lambda P_1(\alpha) & 0 \\ * & -\mu I\end{bmatrix} < 0$$

引入松弛变量 $W(\alpha)$,则上述不等式等价于

$$\begin{bmatrix}-\lambda P_1(\alpha) & 0 & -\widetilde{A}^{\mathrm{T}}(\alpha)W(\alpha) \\ * & -\mu I & -\widetilde{B}^{\mathrm{T}}(\alpha)W(\alpha) \\ * & * & P_1(\alpha)-W(\alpha)-W^{\mathrm{T}}(\alpha)\end{bmatrix} < 0$$

定义

$$X(\alpha) = \underline{L}^{\mathrm{T}}(\alpha)W_{11}(\alpha), Y(\alpha) = \overline{L}^{\mathrm{T}}(\alpha)W_{22}(\alpha)$$

$$R(\alpha) = \underline{F}^{\mathrm{T}}(\alpha)W_{11}(\alpha), S(\alpha) = \overline{F}^{\mathrm{T}}(\alpha)W_{22}(\alpha)$$

则有

$$\begin{bmatrix}\Phi_{11}(\alpha) & 0 & \Phi_{13}(\alpha) \\ * & -\mu I & \Phi_{23}(\alpha) \\ * & * & \Phi_{33}(\alpha)\end{bmatrix} < 0 \qquad (3\text{-}10)$$

其中

$$\Phi_{11}(\alpha) = \begin{bmatrix}-\lambda P_{11}(\alpha) & -\lambda P_{12}(\alpha) \\ * & -\lambda P_{13}(\alpha)\end{bmatrix}$$

$$\Phi_{13}(\alpha) = \begin{bmatrix}-A^{\mathrm{T}}(\alpha)W_{11}(\alpha)+C^{\mathrm{T}}(\alpha)X(\alpha)-R(\alpha) & -S(\alpha) \\ -R(\alpha) & -A^{\mathrm{T}}(\alpha)W_{22}(\alpha)+C^{\mathrm{T}}(\alpha)Y(\alpha)-S(\alpha)\end{bmatrix}$$

$$\Phi_{23}(\alpha) = -\begin{bmatrix}B^{+\mathrm{T}}(\alpha)W_{11}(\alpha) & B^{-\mathrm{T}}(\alpha)W_{22}(\alpha) \\ B^{-\mathrm{T}}(\alpha)W_{11}(\alpha) & B^{+\mathrm{T}}(\alpha)W_{22}(\alpha)\end{bmatrix}$$

$$\Phi_{33}(\alpha) = \begin{bmatrix}P_{11}(\alpha)-W_{11}(\alpha)-W_{11}^{\mathrm{T}}(\alpha) & P_{12}(\alpha) \\ * & P_{13}(\alpha)-W_{22}(\alpha)-W_{22}^{\mathrm{T}}(\alpha)\end{bmatrix}$$

同时,由

$$\beta^{-1}r^{\mathrm{T}}(k)r(k)-[(1-\lambda)V_1(\xi(k))+(\beta-\mu)\widetilde{d}^{\mathrm{T}}(k)\widetilde{d}(k)]$$

$$= \beta^{-1}\xi^{\mathrm{T}}\widetilde{C}^{\mathrm{T}}(\alpha)\widetilde{C}(\alpha)\xi-(1-\lambda)\xi^{\mathrm{T}}P_1(\alpha)\xi-(\beta-\mu)\widetilde{\omega}^{\mathrm{T}}\widetilde{\omega}$$

$$= \begin{bmatrix}\xi^{\mathrm{T}} & \widetilde{\omega}^{\mathrm{T}}\end{bmatrix}\begin{bmatrix}\beta^{-1}\widetilde{C}^{\mathrm{T}}(\alpha)\widetilde{C}(\alpha)-(1-\lambda)P_1(\alpha) & 0 \\ * & -(\beta-\mu)I\end{bmatrix}\begin{bmatrix}\xi \\ \widetilde{\omega}\end{bmatrix}$$

可知,如果下列不等式成立,则式(3-8)成立。

$$\begin{bmatrix} -(1-\lambda)P_1(\alpha) & 0 & \widetilde{C}^{\mathrm{T}}(\alpha) \\ * & -(\beta-\mu)I & 0 \\ * & * & -\beta I \end{bmatrix} < 0$$

上述不等式等价于

$$\begin{bmatrix} \Omega_{11}(\alpha) & 0 & \Omega_{13}(\alpha) \\ * & -(\beta-\mu)I & 0 \\ * & * & -\beta I \end{bmatrix} < 0 \tag{3-11}$$

其中

$$\Omega_{11}(\alpha) = \begin{bmatrix} -(1-\lambda)P_{11}(\alpha) & -(1-\lambda)P_{12}(\alpha) \\ * & -(1-\lambda)P_{13}(\alpha) \end{bmatrix}$$

$$\Omega_{13}(\alpha) = \begin{bmatrix} -C^{-\mathrm{T}}(\alpha)V^{\mathrm{T}}(\alpha) & C^{+\mathrm{T}}(\alpha)V^{\mathrm{T}}(\alpha) \\ -C^{+\mathrm{T}}(\alpha)V^{\mathrm{T}}(\alpha) & C^{-\mathrm{T}}(\alpha)V^{\mathrm{T}}(\alpha) \end{bmatrix}$$

如果不等式(3-6)成立,则不等式(3-10)和不等式(3-11)成立,进而满足性能指标(2),证毕。

3.3.2 故障敏感条件

下面定理给出故障敏感性条件。

定理 3-2 对于给定的 $\gamma>0$,如果存在矩阵

$$P_2(\alpha) = \begin{bmatrix} P_{21}(\alpha) & P_{22}(\alpha) \\ P_{22}^{\mathrm{T}}(\alpha) & P_{23}(\alpha) \end{bmatrix} > 0$$

$$W(\alpha) = \begin{bmatrix} W_{11}(\alpha) & 0 \\ 0 & W_{22}(\alpha) \end{bmatrix}$$

$$X(\alpha), Y(\alpha), R(\alpha), S(\alpha)$$

及 J_1,正矩阵 V 使得

$$\boldsymbol{\Psi}(\alpha) < 0 \tag{3-12}$$

成立。其中

$$\boldsymbol{\Psi}(\alpha) = \begin{bmatrix} -P_{21}(\alpha) & -P_{23}(\alpha) & 0 & -C^{-\mathrm{T}}(\alpha)V^{\mathrm{T}}(\alpha) & C^{+\mathrm{T}}(\alpha)V^{\mathrm{T}}(\alpha) & -A^{\mathrm{T}}(\alpha)W_{11}(\alpha)+C^{\mathrm{T}}(\alpha)X(\alpha)-R(\alpha) & -S(\alpha) \\ * & -P_{23}(\alpha) & 0 & -C^{+\mathrm{T}}(\alpha)V^{\mathrm{T}}(\alpha) & C^{-\mathrm{T}}(\alpha)V^{\mathrm{T}}(\alpha) & -R(\alpha) & -A^{\mathrm{T}}(\alpha)W_{22}(\alpha)+C^{\mathrm{T}}(\alpha)Y(\alpha)-S(\alpha) \\ * & * & -\gamma^2 I & -J_1^{\mathrm{T}} & -J_1^{\mathrm{T}} & -E^{\mathrm{T}}(\alpha)W_{11}(\alpha) & E^{\mathrm{T}}(\alpha)W_{22}(\alpha) \\ * & * & * & -I & 0 & 0 & 0 \\ * & * & * & * & -I & 0 & 0 \\ * & * & * & * & * & P_{21}(\alpha)-W_{11}(\alpha)-W_{11}^{\mathrm{T}}(\alpha) & P_{22}(\alpha) \\ * & * & * & * & * & * & P_{23}(\alpha)-W_{22}(\alpha)-W_{22}^{\mathrm{T}}(\alpha) \end{bmatrix}$$

则系统(3-5)满足在零初始条件下其 H_∞ 性能指标小于 γ。

证明 选择参数依赖的 Lyapunov 函数为 $V_2(\xi(k)) = \xi^{\mathrm{T}}(k)P_2(\alpha)\xi(k)$,如果不等式

$$V_2(\xi(k+1)) - V_2(\xi(k)) + (r(k)-Jf(k))^{\mathrm{T}}(r(k) -$$

$$Jf(k)) - \gamma^2 f^{\mathrm{T}}(k)f(k) < 0 \tag{3-13}$$

成立,则系统(3-5)满足在零初始条件下其 H_∞ 性能指标小于 γ。由

$$\Delta V_2 + (^r - Jf)T(r - Jf) - \gamma^2 f^T f$$

$$= \xi^T(\widetilde{A}^T(\alpha)P_2(\alpha)\widetilde{A}(\alpha) - P_2(\alpha))\xi + 2\xi^T\widetilde{A}^T(\alpha)P_2(\alpha)\widetilde{e}(\alpha)f +$$

$$f^T\widetilde{e}^T(\alpha)P_2(\alpha)\widetilde{e}(\alpha)f + \xi^T\widetilde{C}^T(\alpha)\widetilde{C}(\alpha)\xi - 2\xi^T\widetilde{C}^T(\alpha)Jf + f^TJ^TJf - \gamma^2 f^T f$$

$$= \begin{bmatrix} \xi^T & f^T \end{bmatrix} \begin{bmatrix} \widetilde{A}^T(\alpha)P_2(\alpha)\widetilde{A}(\alpha) - P_2(\alpha) + \widetilde{C}^T(\alpha)\widetilde{C}(\alpha) & \widetilde{A}^T(\alpha)P_2(\alpha)\widetilde{e}(\alpha) - \widetilde{C}^T(\alpha)J \\ * & \widetilde{e}^T(\alpha)P_2(\alpha)\widetilde{e}(\alpha) + J^TJ - \gamma^2 I \end{bmatrix} \begin{bmatrix} \xi \\ f \end{bmatrix}$$

可知,如果下列不等式成立,则不等式(3-13)成立。

$$\begin{bmatrix} \widetilde{A}^T(\alpha)P_2(\alpha)\widetilde{A}(\alpha) - P_2(\alpha) + \widetilde{C}^T(\alpha)\widetilde{C}(\alpha) & \widetilde{A}^T(\alpha)P_2(\alpha)\widetilde{e}(\alpha) - \widetilde{C}^T(\alpha)J \\ * & \widetilde{e}^T(\alpha)P_2(\alpha)\widetilde{e}(\alpha) + J^TJ - \gamma^2 I \end{bmatrix} < 0$$

上述不等式等价于

$$\begin{bmatrix} \widetilde{A}^T(\alpha)P_2(\alpha)\widetilde{A}(\alpha) - P_2(\alpha) & \widetilde{A}^T(\alpha)P_2(\alpha)\widetilde{e}(\alpha) & \widetilde{C}^T(\alpha) \\ * & \widetilde{e}^T(\alpha)P_2(\alpha)\widetilde{e}(\alpha) - \gamma^2 I & -J^T \\ * & * & -I \end{bmatrix} < 0$$

即

$$\begin{bmatrix} \widetilde{A}^T(\alpha) \\ \widetilde{e}^T(\alpha) \\ 0 \end{bmatrix} P_2(\alpha) \begin{bmatrix} \widetilde{A}(\alpha) & \widetilde{e}(\alpha) & 0 \end{bmatrix} + \begin{bmatrix} -P_2(\alpha) & 0 & \widetilde{C}^T(\alpha) \\ * & -\gamma^2 I & -J^T \\ * & * & -I \end{bmatrix} < 0 \qquad (3-14)$$

引入相同的松弛变量 $W(\alpha)$,则不等式(3-14)等价于

$$\begin{bmatrix} -P_2(\alpha) & 0 & \widetilde{C}^T(\alpha) & -\widetilde{A}^T(\alpha)W(\alpha) \\ * & -\gamma^2 I & -J^T & -\widetilde{e}^T(\alpha)W(\alpha) \\ * & * & -I & 0 \\ * & * & * & P_2(\alpha) - W(\alpha) - W^T(\alpha) \end{bmatrix} < 0$$

类似于定理 3-1,定义

$$X(\alpha) = \underline{L}^T(\alpha)W_{11}(\alpha), Y(\alpha) = \overline{L}^T(\alpha)W_{22}(\alpha)$$

$$R(\alpha) = \underline{F}^T(\alpha)W_{11}(\alpha), S(\alpha) = \overline{F}^T(\alpha)W_{22}(\alpha)$$

则

$$\begin{bmatrix} \boldsymbol{\Psi}_{11}(\alpha) & 0 & \widetilde{C}^T(\alpha) & \boldsymbol{\Psi}_{14}(\alpha) \\ * & -\gamma^2 I & -J^T & \boldsymbol{\Psi}_{24}(\alpha) \\ * & * & -I & 0 \\ * & * & * & \boldsymbol{\Psi}_{44}(\alpha) \end{bmatrix} < 0 \qquad (3-15)$$

其中

$$\boldsymbol{\Psi}_{11}(\alpha) = \begin{bmatrix} -P_{21}(\alpha) & -P_{22}(\alpha) \\ * & -P_{23}(\alpha) \end{bmatrix}$$

$$\boldsymbol{\Psi}_{14}(\alpha) = \begin{bmatrix} -A^T(\alpha)W_{11}(\alpha) + C^T(\alpha)X(\alpha) - R(\alpha) & -S(\alpha) \\ -R(\alpha) & -A^T(\alpha)W_{22}(\alpha) + C^T(\alpha)Y(\alpha) - S(\alpha) \end{bmatrix}$$

$$\Psi_{24}(\alpha) = \begin{bmatrix} -E^{\mathrm{T}}(\alpha)W_{11}(\alpha) & E^{\mathrm{T}}(\alpha)W_{22}(\alpha) \end{bmatrix}$$

$$\Psi_{44}(\alpha) = \begin{bmatrix} P_{21}(\alpha) - W_{11}(\alpha) - W_{11}^{\mathrm{T}}(\alpha) & P_{22}(\alpha) \\ * & P_{23}(\alpha) - W_{22}(\alpha) - W_{22}^{\mathrm{T}}(\alpha) \end{bmatrix}$$

如果不等式(3-12)成立,则不等式(3-15)成立,从而满足性能指标(3),证毕。

3.3.3 非负条件

本小节将基于参数依赖度的不等式给出矩阵 $\widetilde{A}(\alpha)$ 的非负性条件。由于定理 3-1 和定理 3-2 中引入了相同的松弛变量,使 Lyapunov 矩阵和系统矩阵解耦。非负限制得以从 Lyapunov 矩阵做结构限制转换成对松弛变量做限制。下面针对 n 阶系统给出非负性定理。

定理 3-3 如果存在矩阵

$$W_{11}(\alpha) = \begin{bmatrix} W_{111}(\alpha) & 0 & \cdots & 0 \\ 0 & W_{112}(\alpha) & \cdots & 0 \\ \vdots & \vdots & & \vdots \\ 0 & 0 & \cdots & W_{11n}(\alpha) \end{bmatrix}$$

$$W_{22}(\alpha) = \begin{bmatrix} W_{221}(\alpha) & 0 & \cdots & 0 \\ 0 & W_{222}(\alpha) & \cdots & 0 \\ \vdots & \vdots & & \vdots \\ 0 & 0 & \cdots & W_{22n}(\alpha) \end{bmatrix}$$

$$R(\alpha) = \begin{bmatrix} R_{11}(\alpha) & R_{12}(\alpha) & \cdots & R_{1n}(\alpha) \\ R_{21}(\alpha) & R_{22}(\alpha) & \cdots & R_{2n}(\alpha) \\ \vdots & \vdots & & \vdots \\ R_{n1}(\alpha) & R_{n2}(\alpha) & \cdots & R_{nn}(\alpha) \end{bmatrix}$$

$$S(\alpha) = \begin{bmatrix} S_{11}(\alpha) & S_{12}(\alpha) & \cdots & S_{1n}(\alpha) \\ S_{21}(\alpha) & S_{22}(\alpha) & \cdots & S_{2n}(\alpha) \\ \vdots & \vdots & & \vdots \\ S_{n1}(\alpha) & S_{n2}(\alpha) & \cdots & S_{nn}(\alpha) \end{bmatrix}$$

和矩阵

$$X(\alpha) = \begin{bmatrix} X_1(\alpha) & X_2(\alpha) & \cdots & X_n(\alpha) \end{bmatrix}$$
$$Y(\alpha) = \begin{bmatrix} Y_1(\alpha) & Y_2(\alpha) & \cdots & Y_n(\alpha) \end{bmatrix}$$

使得

$$\begin{cases} \prod_{n1}(\alpha) \geqslant 0 \\ \prod_{n2}(\alpha) \geqslant 0 \end{cases} \tag{3-16}$$

成立。其中

$$\begin{cases} \prod_{n1}(\alpha) = W_{11g}(\alpha)a_{gh}(\alpha) - X_g^{\mathrm{T}}(\alpha)c_h(\alpha) + R_{hg}(\alpha) \\ \prod_{n2}(\alpha) = W_{22g}(\alpha)a_{gh}(\alpha) - Y_g^{\mathrm{T}}(\alpha)c_h(\alpha) + S_{hg}(\alpha) \\ g,h = 1,2,\cdots,n \end{cases}$$

则矩阵 $\widetilde{A}(\alpha)$ 是非负的。

证明 首先,考虑二阶系统

$$A(\alpha) = (a_{gh}(\alpha))_{2 \times 2}, C(\alpha) = \begin{bmatrix} c_1(\alpha) & c_2(\alpha) \end{bmatrix}$$

定义区间观测器增益如下

$$\underline{L}(\alpha) = \begin{bmatrix} \underline{l}_1(\alpha) \\ \underline{l}_2(\alpha) \end{bmatrix}, \overline{L}(\alpha) = \begin{bmatrix} \overline{l}_1(\alpha) \\ \overline{l}_2(\alpha) \end{bmatrix}$$

$$\underline{F}(\alpha) = \begin{bmatrix} \underline{f}_{11}(\alpha) & \underline{f}_{12}(\alpha) \\ \underline{f}_{21}(\alpha) & \underline{f}_{22}(\alpha) \end{bmatrix}, \overline{F}(\alpha) = \begin{bmatrix} \overline{f}_{11}(\alpha) & \overline{f}_{12}(\alpha) \\ \overline{f}_{21}(\alpha) & \overline{f}_{22}(\alpha) \end{bmatrix}$$

则

$$
\begin{cases}
A(\alpha) - \underline{L}(\alpha)C(\alpha) + \underline{F}(\alpha) \\
= \begin{bmatrix} a_{11}(\alpha) - \underline{l}_1^{\mathrm{T}}(\alpha)c_1(\alpha) + \underline{f}_{11}(\alpha) & a_{12}(\alpha) - \underline{l}_1^{\mathrm{T}}(\alpha)c_2(\alpha) + \underline{f}_{12}(\alpha) \\ a_{21}(\alpha) - \underline{l}_2^{\mathrm{T}}(\alpha)c_1(\alpha) + \underline{f}_{21}(\alpha) & a_{22}(\alpha) - \underline{l}_2^{\mathrm{T}}(\alpha)c_2(\alpha) + \underline{f}_{22}(\alpha) \end{bmatrix} \\
A(\alpha) - \overline{L}(\alpha)C(\alpha) + \overline{F}(\alpha) \\
= \begin{bmatrix} a_{11}(\alpha) - \overline{l}_1^{\mathrm{T}}(\alpha)c_1(\alpha) + \overline{f}_{11}(\alpha) & a_{12}(\alpha) - \overline{l}_1^{\mathrm{T}}(\alpha)c_2(\alpha) + \overline{f}_{12}(\alpha) \\ a_{21}(\alpha) - \overline{l}_2^{\mathrm{T}}(\alpha)c_1(\alpha) + \overline{f}_{21}(\alpha) & a_{22}(\alpha) - \overline{l}_2^{\mathrm{T}}(\alpha)c_2(\alpha) + \overline{f}_{22}(\alpha) \end{bmatrix}
\end{cases} \tag{3-17}
$$

基于非负矩阵的定义,非负限制等价于

$$
\begin{cases}
a_{gh}(\alpha) - \underline{l}_g^{\mathrm{T}}(\alpha)c_h(\alpha) + \underline{f}_{gh}(\alpha) \geqslant 0 \\
a_{gh}(\alpha) - \overline{l}_g^{\mathrm{T}}(\alpha)c_h(\alpha) + \overline{f}_{gh}(\alpha) \geqslant 0, g, h = 1, 2
\end{cases} \tag{3-18}
$$

进一步地,选择松弛变量

$$W_{11}(\alpha) = \begin{bmatrix} W_{111}(\alpha) & 0 \\ 0 & W_{112}(\alpha) \end{bmatrix} > 0$$

$$W_{22}(\alpha) = \begin{bmatrix} W_{221}(\alpha) & 0 \\ 0 & W_{222}(\alpha) \end{bmatrix} > 0$$

并且定义矩阵变量

$$X^{\mathrm{T}}(\alpha) = W_{11}^{\mathrm{T}}(\alpha)\underline{L}(\alpha) = \begin{bmatrix} X_1^{\mathrm{T}}(\alpha) \\ X_2^{\mathrm{T}}(\alpha) \end{bmatrix} \tag{3-19}$$

$$Y^{\mathrm{T}}(\alpha) = W_{22}^{\mathrm{T}}(\alpha)\overline{L}(\alpha) = \begin{bmatrix} Y_1^{\mathrm{T}}(\alpha) \\ Y_2^{\mathrm{T}}(\alpha) \end{bmatrix} \tag{3-20}$$

$$R^{\mathrm{T}}(\alpha) = W_{11}^{\mathrm{T}}(\alpha)\underline{F}(\alpha) = \begin{bmatrix} R_{11}(\alpha) & R_{21}(\alpha) \\ R_{12}(\alpha) & R_{22}(\alpha) \end{bmatrix} \tag{3-21}$$

$$S^{\mathrm{T}}(\alpha) = W_{12}^{\mathrm{T}}(\alpha)\overline{F}(\alpha) = \begin{bmatrix} S_{11}(\alpha) & S_{21}(\alpha) \\ S_{12}(\alpha) & S_{22}(\alpha) \end{bmatrix} \tag{3-22}$$

由式(3-17)、式(3-19)、式(3-20)、式(3-21)及式(3-22)可得非负条件式(3-18)可转化成如下

不等式

$$\begin{cases} \prod_{21}(\alpha) \geqslant 0 \\ \prod_{22}(\alpha) \geqslant 0 \end{cases}$$

其中

$$\begin{cases} \prod_{21}(\alpha) = W_{11g}(\alpha)a_{gh}(\alpha) - X_g^{\mathrm{T}}(\alpha)c_h(\alpha) + R_{hg}(\alpha) \\ \prod_{22}(\alpha) = W_{22g}(\alpha)a_{gh}(\alpha) - Y_g^{\mathrm{T}}(\alpha)c_h(\alpha) + S_{hg}(\alpha) \\ g, h = 1, 2 \end{cases}$$

类似地，考虑 n 阶系统

$$A(\alpha) = (a_{gh}(\alpha))_{n \times n}, C(\alpha) = \begin{bmatrix} c_1(\alpha) & c_2(\alpha) & \cdots & c_n(\alpha) \end{bmatrix}$$

定义区间观测器增益为

$$\underline{L}(\alpha) = \begin{bmatrix} \underline{l}_1^{\mathrm{T}}(\alpha) & \underline{l}_2^{\mathrm{T}}(\alpha) & \cdots & \underline{l}_n^{\mathrm{T}}(\alpha) \end{bmatrix}^{\mathrm{T}}$$

$$\overline{L}(\alpha) = \begin{bmatrix} \overline{l}_1^{\mathrm{T}}(\alpha) & \overline{l}_2^{\mathrm{T}}(\alpha) & \cdots & \overline{l}_n^{\mathrm{T}}(\alpha) \end{bmatrix}^{\mathrm{T}}$$

$$\underline{F}(\alpha) = \begin{bmatrix} \underline{f}_{11}(\alpha) & \underline{f}_{12}(\alpha) & \cdots & \underline{f}_{1n}(\alpha) \\ \underline{f}_{21}(\alpha) & \underline{f}_{22}(\alpha) & \cdots & \underline{f}_{2n}(\alpha) \\ \vdots & \vdots & & \vdots \\ \underline{f}_{n1}(\alpha) & \underline{f}_{n2}(\alpha) & \cdots & \underline{f}_{nn}(\alpha) \end{bmatrix}$$

$$\overline{F}(\alpha) = \begin{bmatrix} \overline{f}_{11}(\alpha) & \overline{f}_{12}(\alpha) & \cdots & \overline{f}_{1n}(\alpha) \\ \overline{f}_{21}(\alpha) & \overline{f}_{22}(\alpha) & \cdots & \overline{f}_{2n}(\alpha) \\ \vdots & \vdots & & \vdots \\ \overline{f}_{n1}(\alpha) & \overline{f}_{n2}(\alpha) & \cdots & \overline{f}_{nn}(\alpha) \end{bmatrix}$$

可得非负条件(3-16)，证毕。

3.4 观测器设计的 LMI 条件

在这一节中，应用文献[158]中的波利亚(Polya)定理将扰动抑制、故障敏感和非负条件转化成 LMI。首先，给出一些定义。

定义 $K(d)$ 为 N 元组 $k_1 k_2 \cdots k_N$，$(k_i \in \mathbb{Z}_+, i = 1, 2, \cdots, N)$ 构成的集，使得 $k_1 + k_2 + \cdots + k_N = d$。$K_l(d)$ 是 $K(d)$ 第 l 个 N 元组并有序的排列着，$l = 1, 2, \cdots, J(d)$。对于一固定的 $N, K(d)$ 元素个数为 $J(d) = \dfrac{(N+d-1)!}{d! (N-1)!}$，并且相关的标准多项式系数为 $X^l(d) = \dfrac{d!}{(k_1! k_2! \cdots k_n!)}$，$k_1 k_2 \cdots k_N = K_l(d), l = 1, 2, \cdots, J(d)$。

本章用到的是以下修正后的多项式系数

$$X_i^l(d,a) = \begin{cases} \dfrac{d!}{k_1! \cdots (k_i-a)! \cdots k_N!}, & k_i-a \in \mathbb{Z}_+ \\ 0, & \text{其他} \end{cases}$$

$$X_{ij}^l(d,a,b) = \begin{cases} \dfrac{d!}{k_1! \cdots (k_i-a)! \cdots (k_j-b)! \cdots k_N!}, & k_i-a \in \mathbb{Z}_+, k_j-b \in \mathbb{Z}_+ \\ 0, & \text{其他} \end{cases}$$

其依赖于 $k_1 k_2 \cdots k_N = K_l(d), l = 1, 2, \cdots, J(d)$。

定理 3-4 条件式(3-6)、条件式(3-12)和条件式(3-16)成立,当且仅当存在一个充分大的正数 d 和矩阵

$$P_1(\alpha) = \sum_{i=1}^{N} \alpha_i P_{1i} = \sum_{i=1}^{N} \rho_i(\alpha) \begin{bmatrix} P_{11i} & P_{12i} \\ P_{12i}^{\mathrm{T}} & P_{13i} \end{bmatrix} > 0$$

$$P_2(\alpha) = \sum_{i=1}^{N} \rho_i(\alpha) P_{2i} = \sum_{i=1}^{N} \rho_i(\alpha) \begin{bmatrix} P_{21i} & P_{22i} \\ P_{22i}^{\mathrm{T}} & P_{23i} \end{bmatrix} > 0$$

$$X(\alpha) = \sum_{i=1}^{N} \rho_i(\alpha) X_i, \quad Y(\alpha) = \sum_{i=1}^{N} \rho_i(\alpha) Y_i$$

$$X_i = \begin{bmatrix} X_{1i} & X_{2i} & \cdots & X_{ni} \end{bmatrix}, \quad Y_i = \begin{bmatrix} Y_{1i} & Y_{2i} & \cdots & Y_{ni} \end{bmatrix}$$

$$J = \begin{bmatrix} J_1^{\mathrm{T}} & J_1^{\mathrm{T}} \end{bmatrix}^{\mathrm{T}}$$

及正矩阵

$$V(\alpha) = \sum_{i=1}^{N} \rho_i(\alpha) V_i$$

$$R(\alpha) = \sum_{i=1}^{N} \rho_i(\alpha) R_i = \sum_{i=1}^{N} \rho_i(\alpha) \begin{bmatrix} R_{11i} & R_{12i} & \cdots & R_{1ni} \\ R_{21i} & R_{22i} & \cdots & R_{2ni} \\ \vdots & \vdots & & \vdots \\ R_{n1i} & R_{n2i} & \cdots & R_{nni} \end{bmatrix}$$

$$S(\alpha) = \sum_{i=1}^{N} \rho_i(\alpha) S_i = \sum_{i=1}^{N} \rho_i(\alpha) \begin{bmatrix} S_{11i} & S_{12i} & \cdots & S_{1ni} \\ S_{21i} & S_{22i} & \cdots & S_{2ni} \\ \vdots & \vdots & & \vdots \\ S_{n1i} & S_{n2i} & \cdots & S_{nni} \end{bmatrix}$$

$$W(\alpha) = \sum_{i=1}^{N} \rho_i(\alpha) W_i = \sum_{i=1}^{N} \rho_i(\alpha) \begin{bmatrix} W_{11i} & 0 \\ 0 & W_{22i} \end{bmatrix}$$

$$W_{11i} = \begin{bmatrix} W_{111i} & 0 & \cdots & 0 \\ 0 & W_{112i} & \cdots & 0 \\ \vdots & \vdots & & \vdots \\ 0 & 0 & \cdots & W_{11ni} \end{bmatrix}$$

$$W_{22i} = \begin{bmatrix} W_{221i} & 0 & \cdots & 0 \\ 0 & W_{222i} & \cdots & 0 \\ \vdots & \vdots & & \vdots \\ 0 & 0 & \cdots & W_{22ni} \end{bmatrix}$$

使得

$$\begin{cases} \Phi_l < 0, \Omega_l < 0, \Psi_l < 0 \\ \prod_{n1l} \geqslant 0, \prod_{n2l} \geqslant 0 \end{cases} \tag{3-23}$$

对 $l = 1, 2, \cdots, J(d+2)$ 成立。其中

$$\Phi_l = \sum_{i=1}^{N} X_i^l(d,2)\Phi_{ii} + \sum_{i=1}^{N-1}\sum_{j=i+1}^{N} X_{ij}^l(d,1,1)(\Phi_{ij} + \Phi_{ji})$$

$$\Omega_l = \sum_{i=1}^{N} X_i^l(d,2)\Omega_{ii} + \sum_{i=1}^{N-1}\sum_{j=i+1}^{N} X_{ij}^l(d,1,1)(\Omega_{ij} + \Omega_{ji})$$

$$\Psi_l = \sum_{i=1}^{N} X_i^l(d,2)\Psi_{ii} + \sum_{i=1}^{N-1}\sum_{j=i+1}^{N} X_{ij}^l(d,1,1)(\Psi_{ij} + \Psi_{ji})$$

$$\prod_{n1l} = \sum_{i=1}^{N} X_i^l(d,2)\prod_{n1ii} + \sum_{i=1}^{N-1}\sum_{j=i+1}^{N} X_{ij}^l(d,1,1)(\prod_{n1ij} + \prod_{n1ji})$$

$$\prod_{n2l} = \sum_{i=1}^{N} X_i^l(d,2)\prod_{n2ii} + \sum_{i=1}^{N-1}\sum_{j=i+1}^{N} X_{ij}^l(d,1,1)(\prod_{n2ij} + \prod_{n2ji})$$

$$k_1 k_2 \cdots k_N = K_l(d+2)$$

且

$$\Phi_{ij} = \begin{bmatrix} -\lambda P_{11i} & -\lambda P_{12i} & 0 & 0 & -A_j^{\mathrm{T}}W_{11i} + C_j^{\mathrm{T}}X_i - R_i & -S_i \\ * & -\lambda P_{13i} & 0 & 0 & -R_i & -A_j^{\mathrm{T}}W_{22i} + C_j^{\mathrm{T}}Y_i - S_i \\ * & * & -\mu I & 0 & -B_j^{+\mathrm{T}}W_{11i} & -B_j^{-\mathrm{T}}W_{22i} \\ * & * & * & -\mu I & -B_j^{-\mathrm{T}}W_{11i} & -B_j^{+\mathrm{T}}W_{22i} \\ * & * & * & * & P_{11i} - W_{11i} - W_{11i}^{\mathrm{T}} & P_{12i} \\ * & * & * & * & * & P_{13i} - W_{22i} - W_{22i}^{\mathrm{T}} \end{bmatrix}$$

$$\Omega_{ij} = \begin{bmatrix} -\lambda P_{11i} & -\lambda P_{12i} & 0 & -C_j^{-\mathrm{T}}V_i^{\mathrm{T}} & C_j^{+\mathrm{T}}V_i^{\mathrm{T}} \\ * & -\lambda P_{13i} & 0 & -C_j^{+\mathrm{T}}V_i^{\mathrm{T}} & C_j^{-\mathrm{T}}V_i^{\mathrm{T}} \\ * & * & -(\beta-\mu)I & 0 & 0 \\ * & * & * & -\beta I & 0 \\ * & * & * & * & -\beta I \end{bmatrix}$$

$$\Psi_{ij} = \begin{bmatrix} -P_{21i} & -P_{22i} & 0 & -C_j^{-\mathrm{T}}V_i^{\mathrm{T}} & C_j^{+\mathrm{T}}V_i^{\mathrm{T}} & -A_j^{\mathrm{T}}W_{11i} + C_j^{\mathrm{T}}X_i - R_i & -S_i \\ * & -P_{23i} & 0 & -C_j^{+\mathrm{T}}V_i^{\mathrm{T}} & C_j^{-\mathrm{T}}V_i^{\mathrm{T}} & -R_i & -A_j^{\mathrm{T}}W_{22i} + C_j^{\mathrm{T}}Y_i - S_i \\ * & * & -\gamma^2 I & -J_1^{\mathrm{T}} & -J_1^{\mathrm{T}} & -E_j^{\mathrm{T}}W_{11i} & E_j^{\mathrm{T}}W_{22i} \\ * & * & * & -I & 0 & 0 & 0 \\ * & * & * & * & -I & 0 & 0 \\ * & * & * & * & * & P_{21i} - W_{11i} - W_{11i}^{\mathrm{T}} & P_{22i} \\ * & * & * & * & * & * & P_{23i} - W_{22i} - W_{22i}^{\mathrm{T}} \end{bmatrix}$$

$$\begin{cases} \prod_{n1ij} = W_{11gi} a_{ghj} - X_{gi}^{\mathrm{T}} c_{hj} + R_{hgi} \\ \prod_{n2ij} = W_{22gi} a_{ghj} - Y_{gi}^{\mathrm{T}} c_{hj} + S_{hgi} \\ g, h = 1, 2, \cdots, n \end{cases}$$

证明 结合定理 3-1 至定理 3-3 和文献[158]中的定理 5，可以直接证明本定理成立，证毕。

注 2-3 令 $P_1(\alpha) = P_2(\alpha) = W(\alpha)$，定理 3-4 可以退化到基于对角 Lyapunov 矩阵的结果。在本章算例一和算例二的仿真结果中，将验证本章提出的定理 3-4 比退化的结果保守性更小。

为了与参数不依赖的结果对比，将定理 3-4 退化成如下推论。

推论 3-1 如果存在常数 $\beta > 0, \mu > 0, 0 < \lambda < 1, \gamma > 0$ 及矩阵

$$P_1 = \begin{bmatrix} P_{11} & P_{12} \\ P_{12}^T & P_{13} \end{bmatrix} > 0$$

$$P_2 = \begin{bmatrix} P_{21} & P_{22} \\ P_{22}^T & P_{23} \end{bmatrix} > 0$$

$$J = \begin{bmatrix} J_1^T & J_1^T \end{bmatrix}^T$$

$$X = \begin{bmatrix} X_1 & X_2 & \cdots & X_n \end{bmatrix}$$

$$Y = \begin{bmatrix} Y_1 & Y_2 & \cdots & Y_n \end{bmatrix}$$

正矩阵 V 及

$$R = \begin{bmatrix} R_{11} & R_{12} & \cdots & R_{1n} \\ R_{21} & R_{22} & \cdots & R_{2n} \\ \vdots & \vdots & & \vdots \\ R_{n1} & R_{n2} & \cdots & R_{nn} \end{bmatrix}$$

$$S = \begin{bmatrix} S_{11} & S_{12} & \cdots & S_{1n} \\ S_{21} & S_{22} & \cdots & S_{2n} \\ \vdots & \vdots & & \vdots \\ S_{n1} & S_{n2} & \cdots & S_{nn} \end{bmatrix}$$

$$W = \begin{bmatrix} W_{11} & 0 \\ 0 & W_{22} \end{bmatrix}$$

$$W_{11} = \begin{bmatrix} W_{111} & 0 & \cdots & 0 \\ 0 & W_{112} & \cdots & 0 \\ \vdots & \vdots & & \vdots \\ 0 & 0 & \cdots & W_{11n} \end{bmatrix}$$

$$W_{22} = \begin{bmatrix} W_{221} & 0 & \cdots & 0 \\ 0 & W_{222} & \cdots & 0 \\ \vdots & \vdots & & \vdots \\ 0 & 0 & \cdots & W_{22n} \end{bmatrix}$$

使得

$$\begin{cases} \Phi_i < 0, \Omega_i < 0, \Psi_i < 0 \\ \prod_{n1i} \geqslant 0, \prod_{n2i} \geqslant 0 \end{cases} \tag{3-24}$$

对 $i = 1, 2, \cdots, N$ 成立。其中

$$\Phi_i = \begin{bmatrix} -\lambda P_{11} & -\lambda P_{12} & 0 & 0 & -A_i^T W_{11}+C_i^T X-R & -S \\ * & -\lambda P_{13} & 0 & 0 & -R & -A_i^T W_{22}+C_i^T Y-S \\ * & * & -\mu I & 0 & -B_i^{+T} W_{11} & -B_i^{-T} W_{22} \\ * & * & * & -\mu I & -B_i^{-T} W_{11} & -B_i^{+T} W_{22} \\ * & * & * & * & P_{11}-W_{11}-W_{11}^T & P_{12} \\ * & * & * & * & * & P_{13}-W_{22}-W_{22}^T \end{bmatrix}$$

$$\Omega_i = \begin{bmatrix} -\lambda P_{11} & -\lambda P_{12} & 0 & -C_i^{-T} V^T & C_i^{+T} V^T \\ * & -\lambda P_{13} & 0 & -C_i^{+T} V^T & C_i^{-T} V^T \\ * & * & -(\beta-\mu)I & 0 & 0 \\ * & * & * & -\beta I & 0 \\ * & * & * & * & -\beta I \end{bmatrix}$$

$$\Psi_i = \begin{bmatrix} -P_{21} & -P_{22} & 0 & -C_i^{-T} V^T & C_i^{+T} V^T & -A_i^T W_{11}+C_i^T X-R & -S \\ * & -P_{23} & 0 & -C_i^{+T} V^T & C_i^{-T} V^T & -R & -A_i^T W_{22}+C_i^T Y-S \\ * & * & -\gamma^2 I & -J_1^T & -J_1^T & -E_i^T W_{11} & E_i^T W_{22} \\ * & * & * & -I & 0 & 0 & 0 \\ * & * & * & * & -I & 0 & 0 \\ * & * & * & * & * & P_{21}-W_{11}-W_{11}^T & P_{22} \\ * & * & * & * & * & * & P_{23}-W_{22}-W_{22}^T \end{bmatrix}$$

$$\begin{cases} \prod_{n1i}=W_{11g}a_{ghi}-X_g^T c_{hi}+R_{hg} \\ \prod_{n2i}=W_{22g}a_{ghi}-Y_g^T c_{hi}+S_{hg} \end{cases}$$

则参数不依赖区间观测器(3-3)的增益为

$$\underline{L}=W_{11}^{-T} X^T,\quad \overline{L}=W_{22}^{-T} Y^T$$
$$\underline{F}=W_{11}^{-T} R^T,\quad \overline{F}=W_{22}^{-T} S^T$$

注 3-3 推论 3-1 中应用了参数不依赖的 Lyapunov 和松弛矩阵,得到参数不依赖的观测器增益。由于没有充分利用系统信息,因此推论 3-1 中的条件是保守的,这一点将在算例一和算例二中加以验证。

基于定理 3-1 至定理 3-4,参数依赖的区间观测器可以通过求解如下的优化问题得到

$$\begin{cases} \min \varepsilon_1 \beta + \varepsilon_2 \gamma \\ \text{s. t. } 式(3-23),\forall l=1,2,\cdots,J(d+2) \end{cases} \tag{3-25}$$

其中,$\varepsilon_1>0,\varepsilon_2>0$ 为给定的优化权重因子。

观测器增益如下

$$\underline{L}(\alpha)=(\sum_{i=1}^N \rho_i(\alpha)W_{11i}^T)^{-1}\sum_{i=1}^N \rho_i(\alpha)X_i^T,\quad \overline{L}(\alpha)=(\sum_{i=1}^N \rho_i(\alpha)W_{22i}^T)^{-1}\sum_{i=1}^N \rho_i(\alpha)Y_i^T$$

$$\underline{F}(\alpha)=(\sum_{i=1}^N \rho_i(\alpha)W_{11i}^T)^{-1}\sum_{i=1}^N \rho_i(\alpha)R_i^T,\quad \overline{F}(\alpha)=(\sum_{i=1}^N \rho_i(\alpha)W_{22i}^T)^{-1}\sum_{i=1}^N \rho_i(\alpha)S_i^T$$

3.5 故障检测方案

在上述定理的基础上,结合上、下界残差构成的残差区间,将给出故障检测方案。考虑到区间特性和性能指标(2),$0 \in \left[\underline{r}_m(k), \overline{r}_m(k)\right]$,$(m = 1, 2, \cdots, s)$在无故障的情况下成立,并且鲁棒性得到提高。当故障发生后,区间特性不再成立。另外,在性能指标(3)下,故障对残差区间的影响被最大化。图 3-1 描述了故障检测方案。具体决策方案描述如下:

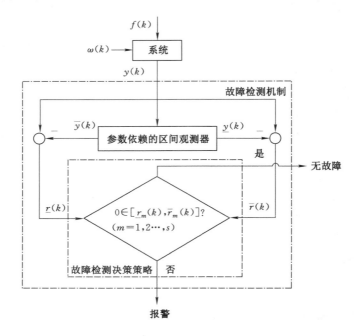

图 3-1 故障检测方案

故障检测决策方案:如果至少有一个残差区间满足 $0 \notin \left[\underline{r}_m(k), \overline{r}_m(k)\right]$,则报警。

3.6 仿真算例

算例一 为说明本章所提方法的有效性,本算例考虑基准质量弹簧系统,其动力学方程与文献[160]中的相同,即

$$\begin{cases} \dot{x}(t) = \begin{bmatrix} 0 & 1 \\ -k & -f \end{bmatrix} x(t) + \begin{bmatrix} 0 \\ 1 \end{bmatrix} \omega(t) + \begin{bmatrix} 1 \\ 1 \end{bmatrix} f(t) \\ y(t) = \begin{bmatrix} 1 & 0 \end{bmatrix} x(t) \end{cases}$$

其中,k 和 f 分别为刚度和摩擦系数;$k = k_0(1 + \alpha)$;$k_0 = 1$;$f = 1$;α 为可测参数且满足 $|\alpha| \leqslant 1$。

采用零阶保持等价法和采样周期 $T = 0.1 \text{ s}$,可得如下离散模型,即

$$\begin{cases} x(k+1)=Ax(k)+B\omega(k)+Ef(k) \\ y(k)=Cx(k) \end{cases}$$

其中，$A=\begin{bmatrix} 1 & T \\ -T(1+\alpha) & 1-T \end{bmatrix}$，$B=\begin{bmatrix} 0 \\ T \end{bmatrix}$，$E=\begin{bmatrix} T \\ T \end{bmatrix}$，$C=\begin{bmatrix} 1 & 0 \end{bmatrix}$。

系统可以表示成具有两顶点的多胞型，即

$$\rho_1(\alpha)=\frac{1+\alpha}{2}, \rho_2(\alpha)=\frac{1-\alpha}{2}$$

当 $d=3$ 时，取 $\lambda=0.9$，$\varepsilon_1=\varepsilon_2=1$，$V_1=V_2=1$，解优化问题(3-25)，得到如下矩阵

$$P_{11}=\begin{bmatrix} 21.458\ 2 & -1.052\ 9 & 0.029\ 5 & -0.110\ 1 \\ -1.052\ 9 & 1.614\ 3 & -0.110\ 1 & -0.049\ 7 \\ 0.029\ 5 & -0.110\ 1 & 21.458\ 2 & -1.052\ 9 \\ -0.110\ 1 & -0.049\ 7 & -1.052\ 9 & 1.614\ 3 \end{bmatrix}$$

$$P_{12}=\begin{bmatrix} 21.457\ 7 & -1.053\ 9 & 0.029\ 9 & -0.109\ 1 \\ -1.053\ 9 & 1.611\ 9 & -0.109\ 1 & -0.047\ 2 \\ 0.029\ 9 & -0.109\ 1 & 21.457\ 7 & -1.053\ 9 \\ -0.109\ 1 & -0.047\ 2 & -1.053\ 9 & 1.611\ 9 \end{bmatrix}$$

$$P_{21}=\begin{bmatrix} 11.291\ 6 & -0.883\ 5 & 2.088\ 0 & 0.394\ 8 \\ -0.883\ 5 & 1.549\ 0 & 0.394\ 8 & 0.007\ 9 \\ 2.088\ 0 & 0.394\ 8 & 11.291\ 6 & -0.883\ 5 \\ 0.394\ 8 & 0.007\ 9 & -0.883\ 5 & 1.549\ 0 \end{bmatrix}$$

$$P_{22}=\begin{bmatrix} 9.051\ 4 & -0.716\ 3 & 1.554\ 3 & 0.391\ 8 \\ -0.716\ 3 & 1.504\ 6 & 0.391\ 8 & -0.019\ 6 \\ 1.554\ 3 & 0.391\ 8 & 9.051\ 4 & -0.716\ 3 \\ 0.391\ 8 & -0.019\ 6 & -0.716\ 3 & 1.504\ 6 \end{bmatrix}$$

$$X_1=Y_1=\begin{bmatrix} 12.265\ 3 & -0.027\ 1 \end{bmatrix}$$

$$X_2=Y_2=\begin{bmatrix} 12.265\ 4 & 0.262\ 0 \end{bmatrix}$$

$$R_1=R_2=S_1=S_2=\begin{bmatrix} 0.980\ 2 & 0.262\ 0 \\ 0.000\ 0 & 0.000\ 0 \end{bmatrix}$$

$$W_{111}=W_{221}=W_{112}=W_{222}=\begin{bmatrix} 11.285\ 1 & 0 \\ 0 & 1.445\ 5 \end{bmatrix}$$

不失一般性,令 $\alpha=0.5$,则 $\rho_1(\alpha)=0.75$,$\rho_2(\alpha)=0.25$。因此,观测器增益为

$$\underline{L}(\alpha)=(\sum_{i=1}^{2}\rho_i(\alpha)W_{11i}^{\mathrm{T}})^{-1}\sum_{i=1}^{2}\rho_i(\alpha)X_i^{\mathrm{T}}=[1.086\ 9\quad 0.031\ 2]^{\mathrm{T}}$$

$$\overline{L}(\alpha)=(\sum_{i=1}^{2}\rho_i(\alpha)W_{22i}^{\mathrm{T}})^{-1}\sum_{i=1}^{2}\rho_i(\alpha)Y_i^{\mathrm{T}}=[1.086\ 9\quad 0.031\ 2]^{\mathrm{T}}$$

$$\underline{F}(\alpha)=(\sum_{i=1}^{2}\rho_i(\alpha)W_{11i}^{\mathrm{T}})^{-1}\sum_{i=1}^{2}\rho_i(\alpha)R_i^{\mathrm{T}}=\begin{bmatrix}0.086\ 9&0.000\ 0\\0.181\ 2&0.000\ 0\end{bmatrix}$$

$$\overline{F}(\alpha)=(\sum_{i=1}^{2}\rho_i(\alpha)W_{22i}^{\mathrm{T}})^{-1}\sum_{i=1}^{2}\rho_i(\alpha)S_i^{\mathrm{T}}=\begin{bmatrix}0.086\ 9&0.000\ 0\\0.181\ 2&0.000\ 0\end{bmatrix}$$

假设初始条件为 $\underline{x}(0)=x(0)=\overline{x}(0)=0$,扰动信号及其上、下界分别为

$$\begin{cases}\omega(k)=0.2+0.1\mid\cos(0.5k)\mid\\\underline{\omega}(k)=0.2,\overline{\omega}(k)=0.3\end{cases}$$

故障信号为

$$f(k)=\begin{cases}0.2,k\geqslant 100\\0,其他\end{cases}$$

其仿真结果如图 3-2 和图 3-3 所示。图 3-2 给出了 $y(k)$ 及其上下界估计 $\overline{y}(k)$,$\underline{y}(k)$ 的轨迹。由图 3-2(a)可以看出,$\underline{y}(k)\leqslant y(k)\leqslant\overline{y}(k)$ 在无故障情况下成立。但是,正如图 3-2(b)所示,上述关系在 $k=101$ 后不再成立。上、下界残差信号在图 3-3 中给出。由图 3-3(a)可以看出,$0\in[\underline{r}(k),\overline{r}(k)]$ 在无故障情况下成立。但是,由图 3-3(b)可以看出,上述残差区间关系在 $k=101$ 后不再成立,也就是故障被成功地检测出来了。

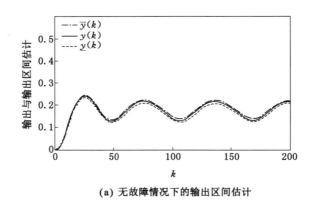

(a) 无故障情况下的输出区间估计

图 3-2　无故障和故障情况下的输出区间估计

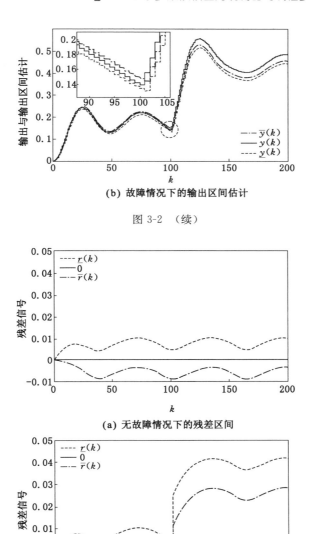

(b) 故障情况下的输出区间估计

图 3-2 （续）

(a) 无故障情况下的残差区间

(b) 故障情况下的残差区间

图 3-3 无故障和故障情况下的残差区间

此外,表 3-1 说明了扰动抑制和故障敏感性之间的折中。

表 3-1 不同权重因子的情况

情况	$\varepsilon_1=10,\varepsilon_2=1$	$\varepsilon_1=1,\varepsilon_2=1$	$\varepsilon_1=1,\varepsilon_2=10$
β	0.341 0	0.484 9	1.277 2
γ	0.805 0	0.605 8	0.350 8

如注 3-2 所述,令 $P_{11}=P_{21}=W_1$,$P_{12}=P_{22}=W_2$,$\rho_1=\rho_2=1$,$V_1=V_2=1$,可得表 3-2 中的比较结果。由此可见,本章所提方法可以获得更小的 β 和 γ,也就意味着更好的故障检测性能。

表 3-2 性能比较

情况	β	γ
定理 3-4	0.484 9	0.605 8
注 3-2	0.894 4	0.945 7
推论 3-1	0.567 9	0.659 0

算例二 本章所提方法将进一步通过船舶操纵系统验证,其动态方程与文献[161]中的相同。采用采样周期 $T=0.5$ s,可得如下三阶离散模型

$$\begin{cases} \begin{bmatrix} x_1(k+1) \\ x_2(k+1) \\ x_3(k+1) \end{bmatrix} = \begin{bmatrix} 1-\omega_2 T & 0 & 0 \\ -\omega_1 k_{vr} T & 1-\omega_1 T & 0 \\ 0 & T & 1 \end{bmatrix} \begin{bmatrix} x_1(k) \\ x_2(k) \\ x_3(k) \end{bmatrix} + \begin{bmatrix} 0 \\ \omega_1 T \\ 0 \end{bmatrix} \omega(k) + \begin{bmatrix} 0.8 & 0 \\ 0.3 & 0 \\ 0.2 & 1 \end{bmatrix} \begin{bmatrix} f_1(k) \\ f_2(k) \end{bmatrix} \\ y(k) = x_3(k) \end{cases}$$

其中,x_1 为摆动速度,x_2 为偏航角速率,x_3 为偏航角。

系统参数如下:

$$k_{vr} = -0.46$$
$$\omega_1 = 0.076\ 9\ V_s,\ \omega_2 = 0.012\ 8\ V_s$$
$$V_s = V_0(1+\alpha)$$
$$\alpha \in \left[-\overline{\alpha}, \overline{\alpha}\right],\ \overline{\alpha} = 0.25$$

此系统可表示成具有两顶点的多胞型,即

$$\rho_1(\alpha) = \frac{\alpha + \overline{\alpha}}{2\overline{\alpha}}$$

$$\rho_2(\alpha) = \frac{\overline{\alpha} - \alpha}{2\overline{\alpha}}$$

当 $d=4$ 时,取 $\lambda=0.95$,$\varepsilon_1=\varepsilon_2=1$,$\mu=0.1$,则 $\alpha_1=0.7$,$\alpha_2=0.3$,限制 V_1、V_2 中的每个元素都大于等于 1,求解优化问题(3-25),可得观测器增益矩阵为

$$\underline{L}(\alpha) = \left(\sum_{i=1}^{2} \rho_i(\alpha) W_{11i}^{\mathrm{T}}\right)^{-1} \sum_{i=1}^{2} \rho_i(\alpha) X_i^{\mathrm{T}} = \begin{bmatrix} 0.012\ 2 & -0.014\ 0 & 0.947\ 4 \end{bmatrix}^{\mathrm{T}}$$

$$\overline{L}(\alpha) = \left(\sum_{i=1}^{2} \rho_i(\alpha) W_{22i}^{\mathrm{T}}\right)^{-1} \sum_{i=1}^{2} \rho_i(\alpha) Y_i^{\mathrm{T}} = \begin{bmatrix} 0.009\ 8 & 0.000\ 7 & 0.918\ 1 \end{bmatrix}^{\mathrm{T}}$$

$$\underline{F}(\alpha) = \left(\sum_{i=1}^{2} \rho_i(\alpha) W_{11i}^{\mathrm{T}}\right)^{-1} \sum_{i=1}^{2} \rho_i(\alpha) R_i^{\mathrm{T}} = \begin{bmatrix} 0.000\ 3 & 0.005\ 0 & 0.023\ 7 \\ 0.000\ 9 & 0.001\ 7 & 0.016\ 5 \\ 0.011\ 9 & 0.002\ 9 & 0.016\ 8 \end{bmatrix}$$

$$\overline{F}(\alpha) = (\sum_{i=1}^{2} \rho_i(\alpha) W_{22i}^{\mathrm{T}})^{-1} \sum_{i=1}^{2} \rho_i(\alpha) S_i^{\mathrm{T}} = \begin{bmatrix} 0.000\ 3 & 0.004\ 8 & 0.020\ 4 \\ 0.000\ 9 & 0.001\ 6 & 0.025\ 7 \\ 0.010\ 8 & 0.002\ 6 & 0.015\ 5 \end{bmatrix}$$

假设初始条件为 $\underline{x}(0) = x(0) = \overline{x}(0) = 0$，扰动信号及其上、下界分别为

$$\omega(k) = 0.3\cos(k)$$

$$\overline{\omega}(k) = 0.5 \mid \cos(k) \mid$$

$$\underline{\omega}(k) = -0.5 \mid \cos(k) \mid$$

故障信号为

$$f(k) = \begin{cases} \begin{bmatrix} \mathrm{e}^{-0.1k}(1.5\cos(0.5k) + \sin(0.5k)) + 2\mathrm{e}^{-0.3k}(2\cos(2k) + 3\sin(2k)) \\ \mathrm{e}^{-k}(1.2\cos(3k) + 2\sin(3k)) + 2\mathrm{e}^{-0.1k}(2.2\cos(k) + 3.5\sin(k)) \end{bmatrix}, k \geqslant 40 \\ \begin{bmatrix} 0 \\ 0 \end{bmatrix}, 其他 \end{cases}$$

其结果如图 3-4 和图 3-5 所示。由图 3-5 可知，在 $k \leqslant 40$ 时，$0 \in [\underline{r}_1(k), \overline{r}_1(k)]$ 及 $0 \in [\underline{r}_2(k), \overline{r}_2(k)]$ 成立。但是，在 $k = 41$ 时，$0 \notin [\underline{r}_1(k), \overline{r}_1(k)]$ 且 $0 \notin [\underline{r}_2(k), \overline{r}_2(k)]$ 成立，即此时故障被检测出来。

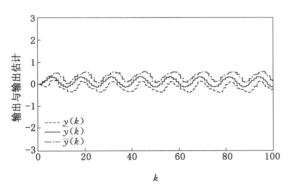

(a) 无故障情况下的输出区间估计

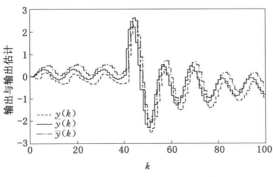

(b) 故障情况下的输出区间估计

图 3-4 无故障和故障情况下的输出区间估计

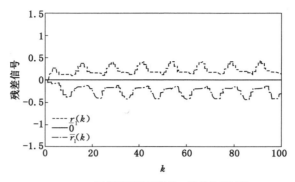

(a) 无故障情况下的第一残差分量区间

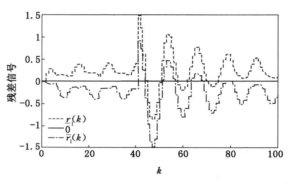

(b) 故障情况下的第一残差分量区间

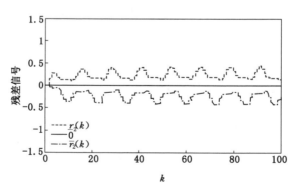

(c) 无故障情况下的第二残差分量区间

图 3-5 无故障和故障情况下的残差区间

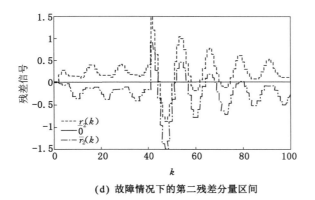

(d) 故障情况下的第二残差分量区间

图 3-5　（续）

3.7　本章小结

　　本章针对离散线性参数变化系统提出了基于区间观测器的故障检测方法，首先，通过应用参数依赖的 Lyapunov 函数和松弛矩阵得到了区间观测器的设计条件。其次，在不需要设计残差评价函数的前提下，将残差区间直接用于故障决策。最后，所提方法通过仿真算例得到验证。

4 带有未知互联项的 T-S 模糊大系统故障隔离

4.1 引言

由于重要的实际应用性,互联系统已经被广泛研究。像电力系统、航空航天系统以及生态系统等实际系统,都是以多个子系统互联的形式存在的[162]。目前,已有很多线性互联系统控制器和滤波器设计方面的结果[163-166]。然而,考虑到实际系统中固有的非线性特性,已有的线性控制器和滤波器设计技术将不再适用。

作为一种有效的方法,模糊逻辑技术已经被用于近似复杂非线性系统[167]。特别的,基于如果-则规则,T-S 模糊模型能够将非线性系统表达成多个线性系统的融合[168-170]。在这样的近似框架下可以充分利用线性控制理论研究系统性质。例如,文献[171]和文献[172]通过利用共同 Lyapunov 函数,提出了基于 LMI 技术的控制器和滤波器设计方法。此外,文献[173-175]利用分段 Lyapunov 函数,设计了模糊控制器和观测器。分段 Lyapunov 函数已经被证实能够处理更广泛的一类模糊系统。考虑到模糊互联系统,文献[176]和文献[177]利用分段 Lyapunov 函数设计了控制器和滤波器。然而,上述文献所考虑的互联项是已知的。事实上,如何处理未知互联项是更大的一个挑战。在文献[178]中,针对带有未知互联项的模糊大系统设计了状态反馈控制器。然而,上述结果只处理了镇定问题。鉴于上述考虑,针对带有未知互联项的模糊大系统的观测器设计是一个非常值得研究的问题。

在第 2、3 章中,我们考虑了基于区间观测器的故障检测问题。然而,针对模糊大系统,故障隔离问题更具挑战性。特别是带有未知互联项的大系统,故障隔离更难实现。其原因在于每个子系统中发生的故障可能由于互联项的存在影响其他没有发生故障的子系统,特别是,文献[128]和文献[129]提出了非线性观测器来产生残差信号。但是,上述结果只是考虑了故障检测问题。进一步地,在文献[130]中设计了故障检测与隔离观测器,阈值则是通过计算估计误差动态的解析解来实现的。综上所述,针对带有未知互联项的模糊大系统,怎样找到一种新颖的故障隔离方法仍然是一个开放性的问题。

本章主要研究带有未知互联项的模糊互联大系统的故障隔离问题。首先,基于输出分区技术,构造了分段区间观测器。其次,观测器设计问题通过求解扰动抑制、故障敏感和非负条件来实现,这是第一次在区间观测器的框架下考虑互联系统的故障隔离问题。最后,通过仿真算例验证所提方法的有效性。本章的主要贡献包括:① 未知互联项的界被构造成区间观测器中的一项。因此,由未知互联项带来的其他子系统的故障和扰动的影响被充分考虑在内。② 通过利用 l_1 性能来提高残差区间的鲁棒性。同时,引入 H_∞ 性能,使得每个残差区间只对自身子系统的故障敏感。③ 区间观测器的设计是基于分段 Lyapunov 函数和松弛变量技术的。那么,所提方法比基于共同及对角的 Lyapunov 函数方法保守性更小。④
残差区间被直接用于隔离故障,所提出方法的优势在于避免了残差评价函数和阈值的设计。

4.2　故障隔离问题描述

4.2.1　系统建模

考虑到一个由 N 个模糊子系统 $S_i(i=1,2,\cdots,N)$ 构成的互联系统,其结构如图 4-1 所示。每个子系统被描述为

$$\begin{cases} x_i(k+1) = \sum_{g=1}^{\mu_i} h_{ig}(y_i(k))[A_{ig}x_i(k) + B_{ig}\omega_i(k) + D_{ig}\Psi_i(y(k)) + E_{ig}f_i(k)] \\ y_i(k) = C_i x_i(k) \end{cases} \tag{4-1}$$

其中,$x_i(k) = [x_{i1}(k) \quad x_{i2}(k) \quad \cdots \quad x_{in_i}(k)]^T \in \mathbb{R}^{n_i}$ 是第 i 个子系统 S_i 的状态向量;$y_i(k) = [y_{i1}(k) \quad y_{i2}(k) \quad \cdots \quad y_{iq_i}(k)]^T \in \mathbb{R}^{q_i}$ 是 S_i 的输出向量;$y(k) = [y_1^T(k) \quad y_2^T(k) \quad \cdots \quad y_N^T(k)]^T \in \mathbb{R}^q$ 是整个系统的输出向量;$\sum_{i=1}^N q_i = q$,$\Psi_i(y(k)) = [\Psi_{i1}(y(k)) \quad \Psi_{i2}(y(k)) \quad \cdots \quad \Psi_{im_i}(y(k))]^T : \mathbb{R}^q \to \mathbb{R}^{m_i}$ 表示未知互联项;$\omega_i(k) = [\omega_{i1}(k) \quad \omega_{i2}(k) \quad \cdots \quad \omega_{ip_i}(k)]^T \in \mathbb{R}^{p_i}$ 表示扰动向量;$f_i(k) = [f_{i1}(k) \quad f_{i2}(k) \quad \cdots \quad f_{is_i}(k)]^T \in \mathbb{R}^{s_i}$ 表示属于 l_2 的故障信号向量;μ_i 及 $h_{ig}(y_i(k))$ 表示模糊规则数和标准化后的隶属度函数;A_{ig}、B_{ig}、D_{ig}、E_{ig}、C_i 是已知的常数矩阵,而且 C_i、A_{ig} 是可观测的。

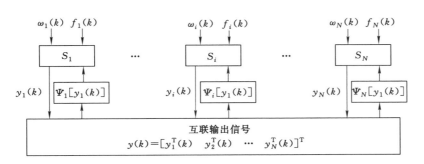

图 4-1　互联系统结构

与文献[173]类似,利用隶属度信息,本节将整个输出空间划分为工作点区域以及交叉区域。$\{S_{il}\}_{l \in F^i} \subseteq \mathbb{R}^{q_i}$ 表示输出空间的一个区域划分,F^i 代表所有区域下标的集合。对于每个区域 S_{il},集合 $K_i(l)$ 包含了该区域内所有系统矩阵的下标。因此,在每一个区域内,子系统 S_i 可以描述为

$$\begin{cases} x_i(k+1) = \sum_{m \in K_i(l)} h_{im}(y_i(k))[A_{im}x_i(k) + B_{im}\omega_i(k) + D_{im}\Psi_i(y(k)) + E_{im}f_i(k)] \\ y_i(k) = C_i x_i(k), y_i(k) \in S_{il}, l \in F^i \end{cases} \tag{4-2}$$

其中，$h_{im}(y_i(k)) > 0$；$\sum\limits_{m \in K_i(l)} h_{im}(y_i(k)) = 1$。

针对上述系统，我们首先做如下的假设：

假设 4-1 存在两个已知的界函数 $\underline{\omega}_i(k) \in \mathbb{R}^{p_i}$ 和 $\overline{\omega}_i(k) \in \mathbb{R}^{p_i}$ 使得

$$\underline{\omega}_i(k) \leqslant \omega_i(k) \leqslant \overline{\omega}_i(k) \tag{4-3}$$

假设 4-2 未知互联项 $\Psi_i(y(k))$ 是有界的，且已知的界函数为 $\underline{\Psi}_i(y(k)): \mathbb{R}^q \to \mathbb{R}^{m_i}$ 和 $\overline{\Psi}_i(y(k)): \mathbb{R}^q \to \mathbb{R}^{m_i}$，即

$$\underline{\Psi}_i(y(k)) \leqslant \Psi_i(y(k)) \leqslant \overline{\Psi}_i(y(k)) \tag{4-4}$$

对所有 $y(k) \in \mathbb{R}^q$ 成立。

注 4-1 与第 2、3 章类似，假设 4-1 意味着未知扰动的界需要已知。类似于文献[128]，假设 4-2 描述了本节所考虑的一类互联项。

4.2.2 分段区间观测器

本节中针对子系统 S_i 构造如下的分段区间观测器：

$$\begin{cases} \underline{x}_i(k+1) = \sum\limits_{m \in K_i(l)} h_{im}(y_i(k))[(A_{im} - \underline{L}_{il}C_i)\underline{x}_i(k) + \underline{L}_{il}y_i(k) - \\ \qquad \underline{F}_{il}(\overline{x}_i(k) - \underline{x}_i(k)) + B_{im}^+\underline{\omega}_i(k) - B_{im}^-\overline{\omega}_i(k) + D_{im}^+\underline{\Psi}_i(y(k)) - \\ \qquad D_{im}^-\overline{\Psi}_i(y(k))] \\ \overline{x}_i(k+1) = \sum\limits_{m \in K_i(l)} h_{im}(y_i(k))[(A_{im} - \overline{L}_{il}C_i)\overline{x}_i(k) + \\ \qquad \overline{L}_{il}y_i(k) + \overline{F}_{il}(\overline{x}_i(k) - \underline{x}_i(k)) + B_{im}^+\overline{\omega}_i(k) - \\ \qquad B_{im}^-\underline{\omega}_i(k) + D_{im}^+\overline{\Psi}_i(y(k)) - D_{im}^-\underline{\Psi}_i(y(k))] \\ \underline{y}_i(k) = C_i^+\underline{x}_i(k) - C_i^-\overline{x}_i(k) \\ \overline{y}_i(k) = C_i^+\overline{x}_i(k) - C_i^-\underline{x}_i(k), \; y_i(k) \in S_{il}, l \in F^i \end{cases} \tag{4-5}$$

其中，$\underline{x}_i(k) \in \mathbb{R}^{n_i}$，$\overline{x}_i(k) \in \mathbb{R}^{n_i}$ 表示 $x_i(k)$ 下界和上界估计；$\underline{y}_i(k) \in \mathbb{R}^{q_i}$，$\overline{y}_i(k) \in \mathbb{R}^{q_i}$ 表示 $y_i(k)$ 下界和上界估计；$\underline{L}_{il} \in \mathbb{R}^{n_i \times q_i}$，$\overline{L}_{il} \in \mathbb{R}^{n_i \times q_i}$，$\underline{F}_{il} \in \mathbb{R}^{n_i \times n_i}$，$\overline{F}_{il} \in \mathbb{R}^{n_i \times n_i}$ 是待定的观测器增益。

定义上、下界估计误差和上、下界残差分别为

$$\begin{cases} \underline{e}_i(k) = x_i(k) - \underline{x}_i(k), \overline{e}_i(k) = \overline{x}_i(k) - x_i(k) \\ \underline{r}_i(k) = V_i(y_i(k) - \overline{y}_i(k)), \overline{r}_i(k) = V_i(y_i(k) - \underline{y}_i(k)) \end{cases}$$

其中，$V_i \in \mathbb{R}^{s_i \times q_i}$ 为正矩阵。

由此得如下第 i 个误差动态

$$
\begin{cases}
\underline{e}_i(k+1) = \sum_{m \in K_i(l)} h_{im}(y_i(k))\{(A_{im} - \underline{L}_{il}C_i + \underline{F}_{il})\underline{e}_i(k) + \\
\qquad \overline{F}_{il}\overline{e}_i(k) + B_{im}\omega_i(k) - [B_{im}^+ \underline{\omega}_i(k) - B_{im}^- \overline{\omega}_i(k)] + D_{im}\Psi_i(y(k)) - \\
\qquad [D_{im}^+ \underline{\Psi}_i(y(k)) - D_{im}^- \overline{\Psi}_i(y(k))] + E_{im}f_i(k)\} \\
\overline{e}_i(k+1) = \sum_{m \in K_i(l)} h_{im}(y_i(k))\{(A_{im} - \overline{L}_{il}C_i + \overline{F}_{il})\overline{e}_i(k) + \overline{F}_{il}\underline{e}_i(k) + B_{im}^+ \overline{\omega}_i(k) - \\
\qquad B_{im}^- \underline{\omega}_i(k) - B_{im}\omega_i(k) + D_{im}^+ \overline{\Psi}_i(y(k)) - D_{im}^- \underline{\Psi}_i(y(k)) - \\
\qquad D_{im}\Psi_i(y(k)) - E_{im}f_i(k)\} \\
\underline{r}_i(k) = -V_iC_i^+ \overline{e}_i(k) - V_iC_i^- \underline{e}_i(k) \\
\overline{r}_i(k) = V_iC_i^+ \underline{e}_i(k) + V_iC_i^- \overline{e}_i(k)
\end{cases}
\tag{4-6}
$$

结合假设 4-1 和假设 4-2,可以得到如下关系

$$
B_{im}^+ \underline{\omega}_i(k) - B_{im}^- \overline{\omega}_i(k) \leqslant B_{im}\omega_i(k) \leqslant B_{im}^+ \overline{\omega}_i(k) - B_{im}^- \underline{\omega}_i(k)
$$

$$
D_{im}^+ \underline{\Psi}_i(y(k)) - D_{im}^- \overline{\Psi}_i(y(k)) \leqslant D_{im}\Psi_i(y(k)) \leqslant D_{im}^+ \overline{\Psi}_i(y(k)) - D_{im}^- \underline{\Psi}_i(y(k))
$$

成立。

在式(4-6)中,如果矩阵 $A_{im} - \underline{L}_{il}C_i + \underline{F}_{il}$,$A_{im} - \overline{L}_{il}C_i + \overline{F}_{il}$,$\underline{F}_{il}$,$\overline{F}_{il}$ 是非负的,且 $\underline{x}_i(0) \leqslant x_i(0) \leqslant \overline{x}_i(0)$,则在无故障情况下有

$$
\begin{cases}
\underline{e}_i(k) \geqslant 0, \overline{e}_i(k) \geqslant 0; \underline{x}_i(k) \leqslant x_i(k) \leqslant \overline{x}_i(k) \\
\underline{y}_i(k) \leqslant y_i(k) \leqslant \overline{y}_i(k); 0 \in [\underline{r}_{iz}(k), \overline{r}_{iz}(k)]
\end{cases}
$$

对所有 $i = 1, 2, \cdots, N, z = 1, 2, \cdots, s_i$ 成立。进一步定义

$$
\xi_i(k) = [\underline{e}_i^{\mathrm{T}}(k), \quad \overline{e}_i^{\mathrm{T}}(k)]^{\mathrm{T}}, r_i(k) = [\underline{r}_i^{\mathrm{T}}(k), \quad \overline{r}_i^{\mathrm{T}}(k)]^{\mathrm{T}}
$$

$$
\tilde{\delta}_i(k) = [\omega_i^{\mathrm{T}}(k) - \underline{\omega}_i^{\mathrm{T}}(k), \overline{\omega}_i^{\mathrm{T}}(k) - \omega_i^{\mathrm{T}}(k)
$$

$$
\Psi_i^{\mathrm{T}}(y(k)) - \underline{\Psi}_i^{\mathrm{T}}(y(k)), \overline{\Psi}_i^{\mathrm{T}}(y(k)) - \Psi_i^{\mathrm{T}}(y(k))]^{\mathrm{T}}
$$

式(4-6)可以改写为

$$
\begin{aligned}
\xi_i(k+1) &= \sum_{m \in K_i(l)} h_{im}(y_i(k))[\widetilde{A}_{im}\xi_i(k) + \Delta_{im}\tilde{\delta}_i(k) + \tilde{e}_{im}f_i(k)]r_i(k) \\
&= \widetilde{C}_i\xi_i(k)
\end{aligned}
\tag{4-7}
$$

其中

$$
\widetilde{A}_{im} = \begin{bmatrix} A_{im} - \underline{L}_{il}C_i + \underline{F}_{il} & \overline{F}_{il} \\ \overline{F}_{il} & A_{im} - \overline{L}_{il}C_i + \overline{F}_{il} \end{bmatrix}
$$

$$
\tilde{e}_{im} = \begin{bmatrix} E_{im} \\ -E_{im} \end{bmatrix}
$$

$$
\Delta_{im} = \begin{bmatrix} B_{im}^+ & B_{im}^- & D_{im}^+ & D_{im}^- \\ B_{im}^- & B_{im}^+ & D_{im}^- & D_{im}^+ \end{bmatrix}
$$

$$
\widetilde{C}_i = \begin{bmatrix} -V_iC_i^- & -V_iC_i^+ \\ V_iC_i^+ & V_iC_i^- \end{bmatrix}
$$

故障隔离的主要思想是设计区间观测器增益 $\underline{L}_{il}$、$\overline{L}_{il}$、$\underline{F}_{il}$、$\overline{F}_{il}$ 以实现以下目标：

(1) $\widetilde{A}_{im}$ 是 Schur 稳定的且非负的。

(2) (l_1 性能) 最小化扰动 $\widetilde{\delta}_i(k)$ 度残差 $r_i(k)$ 的影响：

$$\sup_{\delta_i(k) \in l_\infty} \frac{\| r_i(k) \|_\infty}{\| \widetilde{\delta}_i(k) \|_\infty} < \beta_i$$

(3) (H_∞ 性能) 最大化故障 $f_i(k)$ 对残差 $r_i(k)$ 的影响：

$$\sup_{0 \neq f_i(k) \in l_2} \frac{\| r_i(k) - J_i f_i(k) \|_2}{\| f_i(k) \|_2} < \gamma_i$$

其中，$J_{i1} \in \mathbb{R}^{s_i \times s_i}$ 为权重矩阵；$J_i = \begin{bmatrix} J_{i1}^{\mathrm{T}} & J_{i1}^{\mathrm{T}} \end{bmatrix}^{\mathrm{T}}$。

注 4-2　带有未知互联项的大系统故障隔离问题是非常复杂的。其原因在于子系统故障的影响会通过未知互联项传播，而这种传播对各个系统带来的影响是未知的，很难被利用起来。在本章设计观测器时，充分利用了可用的信息，使得由互联项引入的影响被区间包容。此外，当第 i 个子系统故障发生时，由第 i 个观测器产生的区间关系将不再成立。然而，由于故障敏感指标的引入，残差区间变化将更明显。

4.3　分段区间观测器设计

4.3.1　扰动抑制条件

在本节中，扰动抑制条件由下面的定理给出。

定理 4-1：对于给定的常数 $\beta_i > 0$，如果存在矩阵

$$P_{il1} = \begin{bmatrix} P_{il11} & P_{il12} \\ * & P_{il13} \end{bmatrix} > 0$$

$$P_{ij1} = \begin{bmatrix} P_{ij11} & P_{ij12} \\ * & P_{ij13} \end{bmatrix} > 0$$

$$W_{il} = \begin{bmatrix} W_{il11} & 0 \\ * & W_{il22} \end{bmatrix}$$

$$X_{il}, Y_{il}, R_{il}, M_{il}$$

及正矩阵 V_i 和标量 $\mu_i > 0$、$0 < \alpha_i < 1$ 使得不等式

$$\begin{bmatrix} -\alpha_i P_{il11} & -\alpha_i P_{il12} & 0 & 0 & 0 & 0 & -A_{im}^{\mathrm{T}} W_{il11} + C_i^{\mathrm{T}} X_{il} - R_{il} & -M_{il} \\ * & -\alpha_i P_{il13} & 0 & 0 & 0 & 0 & -R_{il} & -A_{im}^{\mathrm{T}} W_{il22} + C_i^{\mathrm{T}} Y_{il} - M_{il} \\ * & * & -\mu_i I & 0 & 0 & 0 & -B_{im}^{+\mathrm{T}} W_{il11} & -B_{im}^{-\mathrm{T}} W_{il22} \\ * & * & * & -\mu_i I & 0 & 0 & -B_{im}^{-\mathrm{T}} W_{il11} & -B_{im}^{+\mathrm{T}} W_{il22} \\ * & * & * & * & -\mu_i I & 0 & -D_{im}^{+\mathrm{T}} W_{il11} & -D_{im}^{-\mathrm{T}} W_{il22} \\ * & * & * & * & * & -\mu_i I & -D_{im}^{-\mathrm{T}} W_{il11} & -D_{im}^{+\mathrm{T}} W_{il22} \\ * & * & * & * & * & * & P_{ij11} - W_{il11} - W_{il11}^{\mathrm{T}} & P_{ij12} \\ * & * & * & * & * & * & * & P_{ij13} - W_{il22} - W_{il22}^{\mathrm{T}} \end{bmatrix} < 0$$

$$\tag{4-8}$$

$$
\begin{bmatrix}
-(1-\alpha_i)P_{il11} & -(1-\alpha_i)P_{il12} & 0 & -C_i^{-\mathrm{T}}V_i^{\mathrm{T}} & C_i^{+\mathrm{T}}V_i^{\mathrm{T}} \\
* & -(1-\alpha_i)P_{il13} & 0 & -C_i^{+\mathrm{T}}V_i^{\mathrm{T}} & C_i^{-\mathrm{T}}V_i^{\mathrm{T}} \\
* & * & -(\beta_i-\mu_i)I & 0 & 0 \\
* & * & * & -\beta_i I & 0 \\
* & * & * & * & -\beta_i I
\end{bmatrix} < 0 \qquad (4\text{-}9)
$$

对于 $l,j \in F^i$，$i=1,2,\cdots,N$，$m \in K_i(l)$ 成立,则系统(4-7)是渐近稳定的,并且在零初始条件下其 l_1 性能指标小于 β_i。

证明　首次,下列集合表示从一个区域跳变到另一个的所有可能性,即

$$
\Omega_i = \{(l,j) \mid y_i(k) \in S_{il}, y_i(k+1) \in S_{ij}, l,j \in F^i\}
$$

其次,选择分段 Lyapunov 函数 $V_{i1}(k)=\xi_i^{\mathrm{T}}(k)P_{il1}\xi_i(k)$（$i=1,2,\cdots,N$）,如果下列不等式成立

$$
V_{i1}(\xi_i(k+1)) - \alpha_i V_{i1}(\xi_i(k)) - \mu_i \tilde{\delta}_i^{\mathrm{T}}(k)\tilde{\delta}_i(k) < 0 \qquad (4\text{-}10)
$$

$$
r_i^{\mathrm{T}}(k)r_i(k) - \beta_i[(1-\alpha_i)V_{i1}(\xi_i(k)) + (\beta_i-\mu_i)\tilde{\delta}_i^{\mathrm{T}}(k)\tilde{\delta}_i(k)] < 0 \qquad (4\text{-}11)
$$

则系统(4-7)是渐近稳定的,并且在零初始条件下其 l_1 性能指标小于 β_i。由

$$
V_{i1}(\xi_i(k+1)) - \alpha_i V_{i1}(\xi_i(k)) - \mu_i \tilde{\delta}_i^{\mathrm{T}}(k)\tilde{\delta}_i(k)
$$

$$
= \sum_{m \in K_i(l)} h_{im}(y_i(k))[\xi_i^{\mathrm{T}}(k)(\tilde{A}_{im}^{\mathrm{T}}P_{ij1}\tilde{A}_{im} - \alpha_i P_{il1})\xi_i(k) + 2\xi_i^{\mathrm{T}}(k)\tilde{A}_{im}^{\mathrm{T}}P_{ij1}\Delta_{im}\tilde{\delta}_i(k) +
$$

$$
\tilde{\delta}_i^{\mathrm{T}}(k)\Delta_{im}^{\mathrm{T}}P_{ij1}\Delta_{im}\tilde{\delta}_i(k) - \mu_i \tilde{\delta}_i^{\mathrm{T}}(k)\tilde{\delta}_i(k)]
$$

$$
= \sum_{m \in K_i(l)} h_{im}(y_i(k))[\xi_i^{\mathrm{T}}(k) \quad \tilde{\delta}_i^{\mathrm{T}}(k)]
\begin{bmatrix}
\tilde{A}_{im}^{\mathrm{T}}P_{ij1}\tilde{A}_{im} - \alpha_i P_{il1} & \tilde{A}_{im}^{\mathrm{T}}P_{ij1}\Delta_{im} \\
* & \Delta_{im}^{\mathrm{T}}P_{ij1}\Delta_{im} - \mu_i I
\end{bmatrix}
\begin{bmatrix}
\xi_i(k) \\
\tilde{\delta}_i(k)
\end{bmatrix}
$$

可知,如果下列不等式成立,则不等式(4-10)成立。

$$
\begin{bmatrix}
\tilde{A}_{im}^{\mathrm{T}} \\
\Delta_{im}^{\mathrm{T}}
\end{bmatrix}
P_{ij1}[\tilde{A}_{im} \quad \Delta_{im}] +
\begin{bmatrix}
-\alpha_i P_{il1} & 0 \\
* & -\mu_i I
\end{bmatrix} < 0
$$

引入松弛变量 W_{il},则上述不等式等价于

$$
\begin{bmatrix}
-\alpha_i P_{il1} & 0 & -\tilde{A}_{im}^{\mathrm{T}}W_{il} \\
* & -\mu_i I & -\Delta_{im}^{\mathrm{T}}W_{il} \\
* & * & P_{ij1} - W_{il} - W_{il}^{\mathrm{T}}
\end{bmatrix} < 0
$$

定义 $X_{il}=\underline{L}_{il}^{\mathrm{T}}W_{il11}$，$Y_{il}=\overline{L}_{il}^{\mathrm{T}}W_{il22}$，$R_{il}=\underline{F}_{il}^{\mathrm{T}}W_{il11}$，$M_{il}=\overline{F}_{il}^{\mathrm{T}}W_{il22}$,可得

$$
\begin{bmatrix}
\Theta_{il11} & 0 & \Theta_{il13}^{(m)} \\
* & -\mu_i I & \Theta_{il23}^{(m)} \\
* & * & \Theta_{ij l33}
\end{bmatrix} < 0
$$

其中

$$\Theta_{il11} = -\begin{bmatrix} \alpha_i P_{il11} & \alpha_i P_{il12} \\ * & \alpha_i P_{il13} \end{bmatrix}$$

$$\Theta_{il13}^{(m)} = \begin{bmatrix} -A_{im}^{\mathrm{T}} W_{il11} + C_i^{\mathrm{T}} X_{il} - R_{il} & -M_{il} \\ -R_{il} & -A_{im}^{\mathrm{T}} W_{il22} + C_i^{\mathrm{T}} Y_{il} - M_{il} \end{bmatrix}$$

$$\Theta_{il23}^{(m)} = -\begin{bmatrix} B_{im}^{+\mathrm{T}} W_{il11} & B_{im}^{-\mathrm{T}} W_{il22} \\ B_{im}^{-\mathrm{T}} W_{il11} & B_{im}^{+\mathrm{T}} W_{il22} \\ D_{im}^{+\mathrm{T}} W_{il11} & D_{im}^{-\mathrm{T}} W_{il22} \\ D_{im}^{-\mathrm{T}} W_{il11} & D_{im}^{+\mathrm{T}} W_{il22} \end{bmatrix}$$

$$\Theta_{ijl33} = \begin{bmatrix} P_{ij11} - W_{il11} - W_{il11}^{\mathrm{T}} & P_{ij12} \\ * & P_{ij13} - W_{il22} - W_{il22}^{\mathrm{T}} \end{bmatrix}$$

同时,由

$$\beta_i^{-1} r_i^{\mathrm{T}}(k) r_i(k) - \left[(1 - \alpha_i) V_{i1}(\xi_i(k)) + (\beta_i - \mu_i) \tilde{\delta}_i^{\mathrm{T}}(k) \tilde{\delta}_i(k) \right]$$

$$= \begin{bmatrix} \xi_i^{\mathrm{T}}(k) & \tilde{\delta}_i^{\mathrm{T}}(k) \end{bmatrix} \begin{bmatrix} \beta_i^{-1} \tilde{C}_i^{\mathrm{T}} \tilde{C}_i - (1 - \alpha_i) P_{il1} & 0 \\ * & -(\beta_i - \mu_i) I \end{bmatrix} \begin{bmatrix} \xi_i(k) \\ \tilde{\delta}_i(k) \end{bmatrix}$$

可知,如果下列不等式

$$\begin{bmatrix} \prod_{il11} & 0 & \prod_{il13} \\ * & -(\beta_i - \mu_i) I & 0 \\ * & * & -\beta_i I \end{bmatrix} < 0$$

成立,则(4-11)成立。其中

$$\prod_{il11} = \begin{bmatrix} -(1 - \alpha_i) P_{il11} & -(1 - \alpha_i) P_{il12} \\ * & -(1 - \alpha_i) P_{il13} \end{bmatrix}$$

$$\prod_{il13} = \begin{bmatrix} -C_i^{-\mathrm{T}} V_i^{\mathrm{T}} & C_i^{+\mathrm{T}} V_i^{\mathrm{T}} \\ -C_i^{+\mathrm{T}} V_i^{\mathrm{T}} & C_i^{-\mathrm{T}} V_i^{\mathrm{T}} \end{bmatrix}$$

证毕。

4.3.2 故障敏感条件

下列定理给出故障敏感性条件。

定理 4-2 对于给定的 $\gamma_i > 0$,如果存在矩阵

$$P_{il2} = \begin{bmatrix} P_{il21} & P_{il22} \\ * & P_{il23} \end{bmatrix} > 0$$

$$P_{ij2} = \begin{bmatrix} P_{ij21} & P_{ij22} \\ * & P_{ij23} \end{bmatrix} > 0$$

$$W_{il} = \mathrm{diag}\{W_{il11}, W_{il22}\}, X_{il}, Y_{il}, R_{il}, M_{il}, J_{il}$$

及正矩阵 V_i 使得

$$
\begin{bmatrix}
-P_{il21} & -P_{il22} & 0 & -C_i^{-\mathrm{T}}V_i^{\mathrm{T}} & C_i^{+\mathrm{T}}V_i^{\mathrm{T}} & -A_{im}^{\mathrm{T}}W_{il11}+C_i^{\mathrm{T}}X_{il}-R_{il} & -M_{il} \\
* & -P_{il23} & 0 & -C_i^{+\mathrm{T}}V_i^{\mathrm{T}} & C_i^{-\mathrm{T}}V_i^{\mathrm{T}} & -R_{il} & -A_{im}^{\mathrm{T}}W_{il22}+C_i^{\mathrm{T}}Y_{il}-M_{il} \\
* & * & -\gamma_i^2 I & -J_{i1}^{\mathrm{T}} & -J_{i1}^{\mathrm{T}} & -E_{im}^{\mathrm{T}}W_{il11} & E_{im}^{\mathrm{T}}W_{il22} \\
* & * & * & -I & 0 & 0 & 0 \\
* & * & * & * & -I & 0 & 0 \\
* & * & * & * & * & P_{ij21}-W_{il11}-W_{il11}^{\mathrm{T}} & P_{ij22} \\
* & * & * & * & * & * & P_{ij23}-W_{il22}-W_{il22}^{\mathrm{T}}
\end{bmatrix} < 0
$$

$$(4\text{-}12)$$

对于 $l,j \in F^i$，$i=1,2,\cdots,N$，$m \in K_i(l)$ 成立，则系统(4-7)满足在零初始条件下其 H_∞ 性能指标小于 γ_i。

证明 考虑分段的 Lyapunov 函数为 $V_{i2}(\xi_i(k))=\xi_i^{\mathrm{T}}(k)P_{il2}(\alpha)\xi_i(k)$，如果

$$
V_{i2}(\xi_i(k+1))-V_{i2}(\xi_i(k))+(r_i(k)-J_if_i(k))T(r_i(k)-J_if_i(k))-
$$
$$
\gamma_i^2 f_i^{\mathrm{T}}(k)f_i(k)<0
$$

$$(4\text{-}13)$$

成立，则系统(4-7)满足在零初始条件下其 H_∞ 性能指标小于 γ_i。由

$$
V_{i2}(\xi_i(k+1))-V_{i2}(\xi_i(k))+(r_i(k)-J_if_i(k))T(r_i(k)-J_if_i(k))-\gamma_i^2 f_i^{\mathrm{T}}(k)f_i(k)
$$

$$
= \sum_{m \in K_i(l)} h_{im}(y_i(k))[\xi_i^{\mathrm{T}}(k)(\widetilde{A}_{im}^{\mathrm{T}}P_{ij2}\widetilde{A}_{im}-P_{il2})\xi_i(k)+2\xi_i^{\mathrm{T}}(k)\widetilde{A}_{im}^{\mathrm{T}}P_{ij2}\widetilde{e}_{im}f_i(k)+
$$

$$
f_i^{\mathrm{T}}(k)\widetilde{e}_{im}^{\mathrm{T}}P_{ij2}\widetilde{e}_{im}f_i(k)+\xi_i^{\mathrm{T}}(k)\widetilde{C}_i^{\mathrm{T}}\widetilde{C}_i\xi_i(k)-2\xi_i^{\mathrm{T}}(k)\widetilde{C}_i^{\mathrm{T}}J_if_i(k)+
$$

$$
f_i^{\mathrm{T}}(k)J_i^{\mathrm{T}}J_if_i(k)-\gamma_i^2 f_i^{\mathrm{T}}(k)f_i(k)]
$$

$$
= \sum_{m \in K_i(l)} h_{im}(y_i(k))[\xi_i^{\mathrm{T}}(k) \quad f_i^{\mathrm{T}}(k)]\begin{bmatrix} \widetilde{A}_{im}^{\mathrm{T}}P_{ij2}\widetilde{A}_{im}-P_{il2}+\widetilde{C}_i^{\mathrm{T}}\widetilde{C}_i & \widetilde{A}_{im}^{\mathrm{T}}P_{ij2}\widetilde{e}_{im}-\widetilde{C}_i^{\mathrm{T}}J_i \\ * & \widetilde{e}_{im}^{\mathrm{T}}P_{ij2}\widetilde{e}_{im}+J_i^{\mathrm{T}}J_i-\gamma_i^2 I \end{bmatrix}\begin{bmatrix} \xi_i(k) \\ f_i(k) \end{bmatrix}
$$

引入相同的松弛变量 W_{il} 且定义矩阵变量

$$
X_{il}=\underline{L}_{il}^{\mathrm{T}}W_{il11},Y_{il}=\overline{L}_{il}^{\mathrm{T}}W_{il22},R_{il}=\underline{F}_{il}^{\mathrm{T}}W_{il11},M_{il}=\overline{F}_{il}^{\mathrm{T}}W_{il22}
$$

可知，不等式(4-13)等价于

$$
\begin{bmatrix}
\Omega_{il11} & 0 & \widetilde{C}_i^{\mathrm{T}} & \Omega_{il14}^{(m)} \\
* & -\gamma_i^2 I & -J_i^{\mathrm{T}} & \Omega_{il24}^{(m)} \\
* & * & -I & 0 \\
* & * & * & \Omega_{ijl44}
\end{bmatrix} < 0
$$

其中

$$
\Omega_{il11}=\begin{bmatrix} -P_{il21} & -P_{il22} \\ * & -P_{il23} \end{bmatrix}
$$

$$\Omega_{il14}^{(m)} = \begin{bmatrix} -A_{im}^{\mathrm{T}}W_{il11} + C_i^{\mathrm{T}}X_{il} - R_{il} & -M_{il} \\ -R_{il} & -A_{im}^{\mathrm{T}}W_{il22} + C_i^{\mathrm{T}}Y_{il} - M_{il} \end{bmatrix}$$

$$\Omega_{il24}^{(m)} = \begin{bmatrix} -E_{im}^{\mathrm{T}}W_{il11} & E_{im}^{\mathrm{T}}W_{il22} \end{bmatrix}$$

$$\Omega_{ijl44} = \begin{bmatrix} P_{ij21} - W_{il11} - W_{il11}^{\mathrm{T}} & P_{ij22} \\ * & P_{ij23} - W_{il22} - W_{il22}^{\mathrm{T}} \end{bmatrix}$$

证毕。

4.3.3 非负条件

在本节中,将基于 LMI 给出矩阵 $\widetilde{A}_{im}$ 的非负性条件。由于上面提到的定理中引入了松弛变量,使 Lyapunov 矩阵和系统矩阵解耦。非负限制得以从 Lyapunov 矩阵转移到松弛矩阵上。下面我们给出如下定理。

定理 4-3 如果存在矩阵 X_{ilq}、Y_{ilq},正矩阵 W_{il11q}、W_{il22q}、R_{ilrq}、M_{ilrq} 使得不等式

$$W_{il11q}a_{imqr} - X_{ilq}^{\mathrm{T}}c_{ir} + R_{ilrq} \geqslant 0, \quad W_{il22q}a_{imqr} - Y_{ilq}^{\mathrm{T}}c_{ir} + M_{ilrq} \geqslant 0 \tag{4-14}$$

对 $l \in F^i, m \in K_i(l), i = 1,2,\cdots,N, q,r = 1,2,\cdots,n_i$ 成立,则矩阵 $\widetilde{A}_{im}$ 是非负的。

证明 考虑到系统矩阵

$$A_{im} = (a_{imqr})_{n_i \times n_i}, C_i = \begin{bmatrix} c_{i1} & c_{i2} & \cdots & c_{in_i} \end{bmatrix}$$

定义如下观测器增益

$$\underline{L}_{il} = \begin{bmatrix} \underline{l}_{il1}^{\mathrm{T}} & \underline{l}_{il2}^{\mathrm{T}} & \cdots & \underline{l}_{iln_i}^{\mathrm{T}} \end{bmatrix}^{\mathrm{T}}, \overline{L}_{il} = \begin{bmatrix} \overline{l}_{il1}^{\mathrm{T}} & \overline{l}_{il2}^{\mathrm{T}} & \cdots & \overline{l}_{iln_i}^{\mathrm{T}} \end{bmatrix}^{\mathrm{T}}$$

和正矩阵

$$\underline{F}_{il} = \begin{bmatrix} \underline{f}_{il11} & \underline{f}_{il12} & \cdots & \underline{f}_{il1n_i} \\ \underline{f}_{il21} & \underline{f}_{il22} & \cdots & \underline{f}_{il2n_i} \\ \vdots & \vdots & & \vdots \\ \underline{f}_{iln_i1} & \underline{f}_{iln_i2} & \cdots & \underline{f}_{iln_in_i} \end{bmatrix}, \overline{F}_{il} = \begin{bmatrix} \overline{f}_{il11} & \overline{f}_{il12} & \cdots & \overline{f}_{il1n_i} \\ \overline{f}_{il21} & \overline{f}_{il22} & \cdots & \overline{f}_{il2n_i} \\ \vdots & \vdots & & \vdots \\ \overline{f}_{iln_i1} & \overline{f}_{iln_i2} & \cdots & \overline{f}_{iln_in_i} \end{bmatrix}$$

由

$$A_{im} - \underline{L}_{il}C_i + \underline{F}_{il} = \begin{bmatrix} a_{im11} - \underline{l}_{il1}c_{i1} + \underline{f}_{il11} & a_{im12} - \underline{l}_{il1}c_{i2} + \underline{f}_{il12} & \cdots & a_{im1n_i} - \underline{l}_{il1}c_{in_i} + \underline{f}_{il1n_i} \\ a_{im21} - \underline{l}_{il2}c_{i1} + \underline{f}_{il21} & a_{im22} - \underline{l}_{il2}c_{i2} + \underline{f}_{il22} & \cdots & a_{im2n_i} - \underline{l}_{il2}c_{in_i} + \underline{f}_{il2n_i} \\ \vdots & & \vdots & & \vdots \\ a_{imn_i1} - \underline{l}_{iln_i}c_{i1} + \underline{f}_{iln_i1} & a_{imn_i2} - \underline{l}_{iln_i}c_{i2} + \underline{f}_{iln_i2} & \cdots & a_{imn_in_i} - \underline{l}_{iln_i}c_{in_i} + \underline{f}_{iln_in_i} \end{bmatrix} \tag{4-15}$$

$$A_{im} - \overline{L}_{il}C_i + \overline{F}_{il} = \begin{bmatrix} a_{im11} - \overline{l}_{il1}c_{i1} + \overline{f}_{il11} & a_{im12} - \overline{l}_{il1}c_{i2} + \overline{f}_{il12} & \cdots & a_{im1n_i} - \overline{l}_{il1}c_{in_i} + \overline{f}_{il1n_i} \\ a_{im21} - \overline{l}_{il2}c_{i1} + \overline{f}_{il21} & a_{im22} - \overline{l}_{il2}c_{i2} + \overline{f}_{il22} & \cdots & a_{im2n_i} - \overline{l}_{il2}c_{in_i} + \overline{f}_{il2n_i} \\ \vdots & & \vdots & & \vdots \\ a_{imn_i1} - \overline{l}_{iln_i}c_{i1} + \overline{f}_{iln_i1} & a_{imn_i2} - \overline{l}_{iln_i}c_{i2} + \overline{f}_{iln_i2} & \cdots & a_{imn_in_i} - \overline{l}_{iln_i}c_{in_i} + \overline{f}_{iln_in_i} \end{bmatrix} \tag{4-16}$$

可得非负条件等价于

$$a_{imqr} - \underline{l}_{ilq}c_{ir} + \underline{f}_{ilrq} \geqslant 0, a_{imqr} - \overline{l}_{ilq}c_{ir} + \overline{f}_{ilrq} \geqslant 0 \quad (4\text{-}17)$$

对 $l \in F^i, m \in K_i(l), i = 1, 2, \cdots, N, q, r = 1, 2, \cdots, n_i$ 成立。进一步选择正矩阵

$$W_{il11} = diag\{W_{il111}, W_{il112}, \cdots, W_{il11n_i}\}$$
$$W_{il22} = diag\{W_{il221}, W_{il222}, \cdots, W_{il22n_i}\}$$

并且定义矩阵变量

$$X_{il}^{\mathrm{T}} = W_{il11}^{\mathrm{T}}\underline{L}_{il} = \begin{bmatrix} X_{il1} & X_{il2} & \cdots & X_{iln_i} \end{bmatrix}^{\mathrm{T}}$$

$$Y_{il}^{\mathrm{T}} = W_{il22}^{\mathrm{T}}\overline{L}_{il} = \begin{bmatrix} Y_{il1} & Y_{il2} & \cdots & Y_{iln_i} \end{bmatrix}^{\mathrm{T}}$$

$$R_{il}^{\mathrm{T}} = W_{il11}^{\mathrm{T}}\underline{F}_{il} = \begin{bmatrix} R_{il11} & R_{il21} & \cdots & R_{iln_i1} \\ R_{il12} & R_{il22} & \cdots & R_{iln_i2} \\ \vdots & \vdots & & \vdots \\ R_{il1n_i} & R_{il2n_i} & \cdots & R_{iln_in_i} \end{bmatrix}$$

$$M_{il}^{\mathrm{T}} = W_{il22}^{\mathrm{T}}\overline{F}_{il} = \begin{bmatrix} M_{il11} & M_{il21} & \cdots & M_{iln_i1} \\ M_{il12} & M_{il22} & \cdots & M_{iln_i2} \\ \vdots & \vdots & & \vdots \\ M_{il1n_i} & M_{il2n_i} & \cdots & M_{iln_in_i} \end{bmatrix}$$

随后，对式（4-15）与式（4-16）的左侧分别以乘 W_{il11}^{T}、W_{il22}^{T}，可得非负条件（4-17）转化成 LMI 条件（4-14），证毕。

注 4-3 需要强调的一点是，与已有文献[95]结果和文献[151]结果相比较，由于本章中引入了松弛变量 W_{il11}、W_{il22}，定理 4-1 和定理 4-2 中的 Lyapunov 矩阵 P_{il1}、P_{il2} 没有任何结构限制。在此基础上，本章提出了一种有效的非负条件求解方法。

4.3.4 分段区间观测器设计

在上一节提到的设计目标可以通过如下算法实现。

算法 4-1 故障隔离观测器设计将转化为下列优化问题

$$\begin{cases} \min \rho_{i1}\beta_i + \rho_{i2}\gamma_i \\ \text{s.t. } 式（4\text{-}8）, 式（4\text{-}9）, 式（4\text{-}12）, 式（4\text{-}14） \end{cases} \quad (4\text{-}18)$$

其中，$\rho_{i1} > 0, \rho_{i2} > 0$ 为给定的优化权重因子。

观测器增益如下：

$$\underline{L}_{il} = W_{il11}^{-\mathrm{T}}X_{il}^{\mathrm{T}}, \overline{L}_{il} = W_{il22}^{-\mathrm{T}}Y_{il}^{\mathrm{T}}, \underline{F}_{il} = W_{il11}^{-\mathrm{T}}R_{il}^{\mathrm{T}}, \overline{F}_{il} = W_{il22}^{-\mathrm{T}}M_{il}^{\mathrm{T}}$$

注 4-4 令

$$P_{il1} = P_{ij1} = P_{i1} = \begin{bmatrix} P_{i11} & P_{i12} \\ * & P_{i13} \end{bmatrix} > 0$$

$$P_{il2} = P_{ij2} = P_{i2} = \begin{bmatrix} P_{i21} & P_{i22} \\ * & P_{i23} \end{bmatrix} > 0$$

算法 4-1 将退化成基于共同 Lyapunov 函数的结果。此外，令

$$P_{il1} = P_{ij1} = P_{i1} = W_{i11} = diag\{W_{i111}, W_{i112}, \cdots, W_{i11n_i}\}$$

$$P_{il2} = P_{ij2} = P_{i2} = W_{i22} = \mathrm{diag}\{W_{i221}, W_{i222}, \cdots, W_{i22n_i}\}$$

算法 4-1 将退化成基于共同及对角 Lyapunov 函数的结果。

注 4-5 定义 n_0 及 n_1 分别为工作区域数和交叉区域数,则算法 4-1 中所需要的 LMI 数为 $N[2(n_0+2n_1)(n_0+n_1+n^2)+(n_0+n_1)]$,而且决策变量数为 $N[8(n_0+n_1)+5]$。不可否认的是,LMI 数和决策变量数将随着系统维数和区域数的增加而增加。但是,这些条件可以利用 LMI 工具箱有效地求解。

4.4　故障隔离方案

上、下界残差 $\overline{r}_i(k), \underline{r}_i(k)$ 构成了子系统 S_i 的残差区间。考虑到区间特性和扰动抑制性能指标,$0 \in [\underline{r}_{iz}(k), \overline{r}_{iz}(k)]$ 对于 $z=1,2,\cdots,s_i$ 成立,并且残差区间的鲁棒性得以提高。当 $f_i(k)$ 发生时,动态(4-7)的非负性不能保证,而且故障敏感性能指标能够最大化故障 $f_i(k)$ 对残差的影响。

图 4-2 描述了故障隔离方案。由第 i 个观测器产生的第 i 个残差将直接用于隔离第 i 个子系统故障。因此,本章提出的故障隔离方案不需要设计残差评价函数和阈值。具体决策方案描述如下:

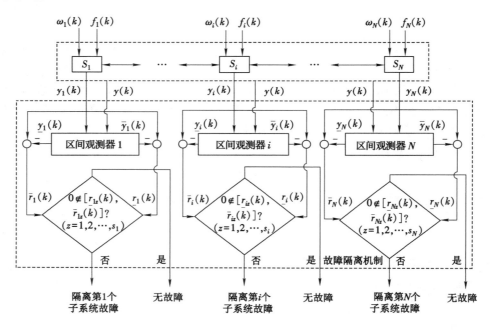

图 4-2　故障隔离方案

故障检测决策方案:如果至少有一个残差区间满足 $0 \notin [\underline{r}_{iz}(k), \overline{r}_{iz}(k)]$($z=1,2,\cdots, s_i$),则第 i 个子系统故障被隔离出来。

4.5　仿真算例

在本节中,将给出两个例子来验证所提故障隔离方法的有效性和优越性。

算例一　考虑如下的 T-S 模糊模型:

规则 0　如果 $y_i(k)$ 属于 h_{ig},则

$$\begin{cases} x_i(k+1) = A_{ig} x_i(k) + B_{ig} \omega_i(k) + D_{ig} \Psi_i(y(k)) + E_{ig} f_i(k) \\ y_i(k) = C_i x_i(k) \\ i = 1,2, g = 1,2,3 \end{cases}$$

其中

$$A_{i1} = \begin{bmatrix} 0 & 0 & -0.2 \\ 1 & 0 & -0.2 \\ 0 & 1 & 0.3 \end{bmatrix}$$

$$A_{i2} = \begin{bmatrix} 0 & 0 & -0.7 \\ 1 & 0 & -0.5 \\ 0 & 1 & 0.4 \end{bmatrix}$$

$$A_{i3} = \begin{bmatrix} 0 & 0 & -0.3 \\ 1 & 0 & -0.1 \\ 0 & 1 & 0.1 \end{bmatrix}$$

$$B_{ig} = \begin{bmatrix} 1 & 0 & 1 \end{bmatrix}^{\mathrm{T}}$$

$$E_{ig} = \begin{bmatrix} 0 & 1 & 1 \end{bmatrix}^{\mathrm{T}}$$

$$D_{11} = D_{12} = D_{21} = D_{22} = \begin{bmatrix} 0.01 & 0.01 & 0.01 \end{bmatrix}^{\mathrm{T}}$$

$$D_{13} = D_{23} = \begin{bmatrix} -0.01 & 0 & 0 \end{bmatrix}^{\mathrm{T}}$$

$$C_1 = C_2 = \begin{bmatrix} 0 & 0 & 1 \end{bmatrix}$$

子系统 S_1、S_2 有相同的隶属度函数和区域划分,如图 4-3 所示。类似于文献[128],在本算例中,考虑到互联项 $\Psi_1(y(k))$、$\Psi_2(y(k))$ 满足

$$-|\tanh(y_2(k))| \leqslant \Psi_1(y(k)) \leqslant |\tanh(y_2(k))|$$

$$-|\tanh(y_1(k))| \leqslant \Psi_2(y(k)) \leqslant |\tanh(y_1(k))|$$

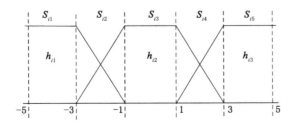

图 4-3　算例一的隶属度函数和区域划分

考虑到扰动信号及其上、下界分别为

$$\omega_1(k)=\omega_2(k)=\sin(5k)$$
$$\overline{\omega}_1(k)=\overline{\omega}_2(k)=|\sin(5k)|$$
$$\underline{\omega}_1(k)=\underline{\omega}_2(k)=-|\sin(5k)|$$

子系统故障信号假设为

$$f_1(k)=\begin{cases}0.9,50\leqslant k\leqslant 100\\0,其他\end{cases}$$

$$f_2(k)=\begin{cases}1,k\geqslant 150\\0,其他\end{cases}$$

给定 $\alpha_1=\alpha_2=0.9,\rho_{11}=\rho_{12}=\rho_{21}=\rho_{22}=1,V_1=V_2=0.1$,求解优化问题(4-18),可得

$$\underline{L}_{i1}=\overline{L}_{i1}=[-0.198\,8 \quad -0.194\,8 \quad 0.305\,4]^{\mathrm{T}}$$

$$\underline{L}_{i2}=\overline{L}_{i2}=[-0.700\,0 \quad -0.500\,0 \quad 0.300\,0]^{\mathrm{T}}$$

$$\underline{L}_{i3}=\overline{L}_{i3}=[-0.698\,8 \quad -0.494\,8 \quad 0.405\,4]^{\mathrm{T}}$$

$$\underline{L}_{i4}=\overline{L}_{i4}=[-0.691\,0 \quad -0.500\,0 \quad 0.100\,0]^{\mathrm{T}}$$

$$\underline{L}_{i5}=\overline{L}_{i5}=[-0.298\,8 \quad -0.094\,8 \quad 0.105\,4]^{\mathrm{T}}$$

$$\underline{F}_{i1}=\overline{F}_{i1}=\begin{bmatrix}0.011\,0 & 0.004\,0 & 0.014\,9\\0.010\,5 & 0.011\,4 & 0.042\,1\\0.015\,3 & 0.002\,6 & 0.024\,4\end{bmatrix}$$

$$\underline{F}_{i2}=\overline{F}_{i2}=10^{-6}\times\begin{bmatrix}0.107\,6 & 0.052\,1 & 0.070\,0\\0.060\,5 & 0.091\,3 & 0.283\,7\\0.159\,3 & 0.026\,0 & 0.139\,3\end{bmatrix}$$

$$\underline{F}_{i3}=\overline{F}_{i3}=\begin{bmatrix}0.011\,0 & 0.004\,0 & 0.014\,9\\0.010\,5 & 0.011\,4 & 0.042\,1\\0.015\,3 & 0.002\,6 & 0.024\,4\end{bmatrix}$$

$$\underline{F}_{i4}=\overline{F}_{i4}=\begin{bmatrix}0.000\,0 & 0.000\,0 & 0.009\,0\\0.000\,0 & 0.000\,0 & 0.000\,0\\0.000\,0 & 0.000\,0 & 0.000\,0\end{bmatrix}$$

$$\underline{F}_{i5}=\overline{F}_{i5}=\begin{bmatrix}0.011\,0 & 0.004\,0 & 0.014\,9\\0.010\,5 & 0.011\,4 & 0.042\,1\\0.015\,3 & 0.002\,6 & 0.024\,4\end{bmatrix}$$

图 4-4 和图 4-5 给出了残差信号。由图 4-4 和图 4-5 可以看出,在 $52\leqslant k\leqslant 98$ 时,$0\notin$ $[\underline{r}_1(k),\overline{r}_1(k)]$ 及 $0\in[\underline{r}_2(k),\overline{r}_2(k)]$ 成立,而且在 $k\geqslant 153$ 时,$0\notin[\underline{r}_2(k),\overline{r}_2(k)]$ 及 $0\in$ $[\underline{r}_1(k),\overline{r}_1(k)]$ 成立。由此可见,只有当子系统故障发生时,对应的残差区间关系才会不成立。也就是说,每个子系统故障能够被成功地隔离出来。

正如注 4-4 所提到的那样,算法 4-1 可以退化成基于共同 Lyapunov 函数的方法。可以验证,在本算例中不存在这样的共同 Lyapunov 函数,即本章算法中的基于分段 Lyapunov 函数的方法保守性更小。

算例二 接下来考虑文献[177]中提到的由弹簧连接的双倒立摆系统。其动力学方程描述如下:

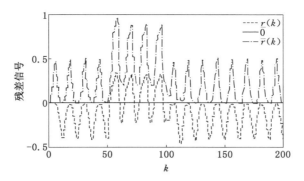

图 4-4 子系统 S_1 的残差区间

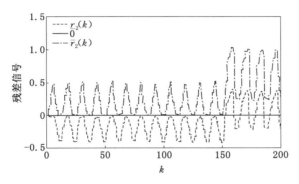

图 4-5 子系统 S_2 的残差区间

$$\dot{x}_{i1}(t) = x_{i2}(t)$$

$$\dot{x}_{i2}(t) = (\frac{m_i g r}{J_i} - \frac{kr^2}{4J_i})\sin(x_{i1}(t)) + \frac{\omega_i(t)}{J_i} - \frac{kr}{2J_i}(l-b) + \sum_{j=1, j \neq i}^{2} \frac{kr^2}{4J_i}\sin(x_{j1}(t))$$

$$y_i(t) = x_{i1}(t)$$

各个物理量及其取值都与文献[177]中的相同。采用采样周期 $T=0.05$ s 对其离散化得到

$$\begin{cases} x_{i1}(k+1) = x_{i1}(k) + Tx_{i2}(k) \\ x_{i2}(k+1) = x_{i2}(k) + T[(\frac{m_i g r}{J_i} - \frac{kr^2}{4J_i})\sin(x_{i1}(k)) + \\ \qquad \frac{\omega_i(k)}{J_i} - \frac{kr}{2J_i}(l-b) + \sum_{j=1, j \neq i}^{2} \frac{kr^2}{4J_i}\sin(x_{j1}(k))] \\ y_i(k) = x_{i1}(k) \end{cases}$$

在 $y_i(k) = -88°, 0°, 88°$ 处线性化每个倒立摆,得到如下的 T-S 模糊模型:

规则 1 如果 $y_i(k) = -88°$,则

$$\begin{cases} x_i(k+1) = A_{i1}x_i(k) + B_{i1}\omega_i(k) + D_{i1}\Psi_i(y(k)) + E_{i1}f_i(k) \\ y_i(k) = C_i x_i(k) \end{cases}$$

规则 2 如果 $y_i(k) = 0°$,则

$$\begin{cases} x_i(k+1) = A_{i2}x_i(k) + B_{i2}\omega_i(k) + D_{i2}\Psi_i(y(k)) + E_{i2}f_i(k) \\ y_i(k) = C_i x_i(k) \end{cases}$$

规则 3 如果 $y_i(k) = 88°$，则

$$\begin{cases} x_i(k+1) = A_{i3}x_i(k) + B_{i3}\omega_i(k) + D_{i3}\Psi_i(y(k)) + E_{i3}f_i(k) \\ y_i(k) = C_i x_i(k) \end{cases}$$

系统矩阵如下

$$A_{11} = A_{13} = \begin{bmatrix} 1 & 0.05 \\ -0.7493 & 0.6 \end{bmatrix}$$

$$A_{12} = \begin{bmatrix} 1 & 0.05 \\ -0.502 & 0.6 \end{bmatrix}$$

$$A_{21} = A_{23} = \begin{bmatrix} 1 & 0.05 \\ -0.6667 & 0.61 \end{bmatrix}$$

$$A_{22} = \begin{bmatrix} 1 & 0.05 \\ -0.381 & 0.61 \end{bmatrix}$$

$$B_{11} = B_{12} = B_{13} = \begin{bmatrix} 1 \\ 0.2 \end{bmatrix}$$

$$B_{21} = B_{22} = B_{23} = \begin{bmatrix} 1 \\ 0.13 \end{bmatrix}$$

$$D_{11} = D_{12} = D_{13} = \begin{bmatrix} 0 \\ 0.06 \end{bmatrix}$$

$$D_{21} = D_{22} = D_{23} = \begin{bmatrix} 0 \\ 0.09 \end{bmatrix}$$

$$E_{i1} = E_{i2} = E_{i3} = \begin{bmatrix} 1 & 1 \end{bmatrix}^T$$

$$C_1 = C_2 = \begin{bmatrix} 1 & 0 \end{bmatrix}$$

每个子系统的隶属度函数和区域划分是相同的，如图 4-6 所示。类似于算例一，考虑到互联项 $\Psi_1(y(k))$ 和 $\Psi_2(y(k))$ 满足

$$-|\tanh(y_2(k))| \leqslant \Psi_1(y(k)) \leqslant |\tanh(y_2(k))|$$

$$-|\tanh(y_1(k))| \leqslant \Psi_2(y(k)) \leqslant |\tanh(y_1(k))|$$

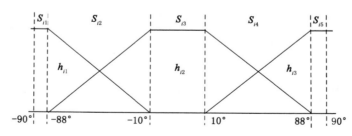

图 4-6 算例二的隶属度函数和区域划分

假设

$$\omega_1(k) = \cos(4\pi k) + 0.5\sin(4\pi k)$$

$$\omega_2(k) = \cos(5\pi k) + 0.2\sin(5\pi k)$$
$$\underline{\omega}_1(k) = \cos(4\pi k) - 0.5$$
$$\overline{\omega}_1(k) = \cos(4\pi k) + 0.5$$
$$\underline{\omega}_2(k) = \cos(5\pi k) - 0.2$$
$$\overline{\omega}_2(k) = \cos(5\pi k) + 0.2$$

子系统故障信号为

$$f_1(k) = \begin{cases} 0.11, & 100 \leqslant k \leqslant 200 \\ 0, & \text{其他} \end{cases}$$

$$f_2(k) = \begin{cases} 0.1\sin(2k), & k \geqslant 300 \\ 0, & \text{其他} \end{cases}$$

给定 $\alpha_1 = \alpha_2 = 0.7$，$\rho_{11} = \rho_{12} = \rho_{21} = \rho_{22} = 1$，$V_1 = 0.1$，$V_2 = 0.2$，求解优化问题(4-18)，可得

$$\underline{L}_{11} = \overline{L}_{11} = \underline{L}_{15} = \overline{L}_{15} = [1.066\ 8 \quad 0.064\ 2]^T$$
$$\underline{L}_{12} = \overline{L}_{12} = \underline{L}_{14} = \overline{L}_{14} = [1.067\ 5 \quad 0.192\ 2]^T$$
$$\underline{L}_{13} = \overline{L}_{13} = [1.066\ 8 \quad 0.311\ 5]^T$$
$$\underline{L}_{21} = \overline{L}_{21} = \underline{L}_{25} = \overline{L}_{25} = [1.064\ 7 \quad 0.159\ 9]^T$$
$$\underline{L}_{22} = \overline{L}_{22} = \underline{L}_{24} = \overline{L}_{24} = [1.065\ 5 \quad 0.308\ 8]^T$$
$$\underline{L}_{23} = \overline{L}_{23} = [1.064\ 7 \quad 0.445\ 6]^T$$

$$\underline{F}_{11} = \overline{F}_{11} = \underline{F}_{13} = \overline{F}_{13} = \underline{F}_{15} = \overline{F}_{15} = \begin{bmatrix} 0.066\ 9 & 0.000\ 0 \\ 0.877\ 6 & 0.004\ 5 \end{bmatrix}$$

$$\underline{F}_{21} = \overline{F}_{21} = \underline{F}_{23} = \overline{F}_{23} = \underline{F}_{25} = \overline{F}_{25} = \begin{bmatrix} 0.064\ 9 & 0.000\ 0 \\ 0.899\ 8 & 0.005\ 2 \end{bmatrix}$$

$$\underline{F}_{12} = \overline{F}_{12} = \underline{F}_{14} = \overline{F}_{14} = \begin{bmatrix} 0.067\ 5 & 0.000\ 0 \\ 0.941\ 6 & 0.000\ 0 \end{bmatrix}$$

$$\underline{F}_{22} = \overline{F}_{22} = \underline{F}_{24} = \overline{F}_{24} = \begin{bmatrix} 0.065\ 5 & 0.000\ 0 \\ 0.975\ 5 & 0.000\ 0 \end{bmatrix}$$

如注 4-4 所提到的那样，令

$$P_{111} = P_{121} = \cdots = P_{151} = W_{11}$$
$$P_{112} = P_{122} = \cdots = P_{152} = W_{12}$$
$$P_{211} = P_{221} = \cdots = P_{251} = W_{21}$$
$$P_{212} = P_{222} = \cdots = P_{252} = W_{22}$$

算法 4-1 将退化成文献[151]中的结果，即分段 Lyapunov 函数退化成了共同且对角的 Lyapunov 函数。表 4-1 给出了对应的性能指数。可以看出，算法 4-1 得到了更小的 β_i 和 γ_i。也就是说，本章所提方法能够得到更好的扰动抑制和故障敏感性能。

表 4-1　性能比较

情况	β_1	γ_1	β_2	γ_2
算法 4-1	1.377 7	1.176 0	1.380 2	1.184 0
注 4-4	2.905 0	1.704 5	2.913 5	1.706 9

图 4-7 和图 4-8 给出了每个子系统的残差区间。由图 4-7 和图 4-8 可以看出,在 $101 \leqslant k \leqslant 201$ 时,$0 \notin [\underline{r_1}(k), \overline{r_1}(k)]$ 及 $0 \in [\underline{r_2}(k), \overline{r_2}(k)]$ 成立;在 $k \geqslant 301$ 时,$0 \notin [\underline{r_2}(k), \overline{r_2}(k)]$ 及 $0 \in [\underline{r_1}(k), \overline{r_1}(k)]$ 成立。显然,子系统故障能够被成功地隔离出来。

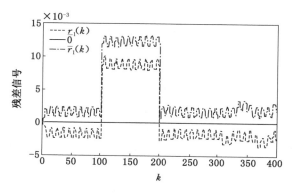

图 4-7　子系统 S_1 的残差区间

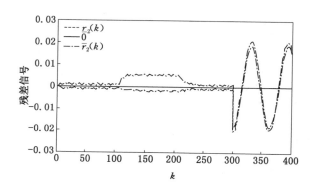

图 4-8　子系统 S_2 的残差区间

4.6　本章小结

　　针对带有未知互联项的模糊大系统,本章主要研究其故障隔离问题。首先,考虑到子系统之间的相互作用,互联项和扰动的界被用于构造成区间观测器。其次,引入 l_1 和 H_∞ 性能指标,使得残差区间鲁棒性增强;同时,对子系统故障的敏感性得以提高。再次,通过监测零值是否在残差区间内来判断故障是否发生以及哪个子系统故障发生,在不需要设计残差评价函数和阈值的优势下,残差区间被直接用于隔离故障。最后,仿真结果验证了本章方法的有效性和优越性。

5 多智能体系统的故障隔离区间观测器设计

5.1 引言

近年来,多智能体系统引起了广泛关注。这类系统的一个重要特点是各个智能体之间的相互通信。例如,基于相对信息,文献[179]和文献[180]解决了各个智能体间的一致性问题。显然,智能体动态和拓扑图是两个至关重要的因素[181-182]。

正是由于通信的存在,当每个智能体故障发生时,其作用将会传播给其他智能体,影响无故障智能体的运行,从而使得整个智能体网络无法完成任务,甚至导致灾难性的事故。因此,为了保证完成任务和提高安全性,多智能体系统的故障隔离备受关注。但是,由于系统本身的复杂性,故障隔离问题也是一个巨大的挑战。例如,文献[131]和文献[132]针对多智能体系统提出了分布式故障检测与隔离滤波器。故障隔离被转化成了一个优化问题。但是,上述文献没有考虑由输入引入的通信信息。文献[133]和文献[134]针对二阶多智能体系统设计了基于未知输入观测器的故障检测与隔离机制。文献[135]设计了高阶智能体系统的故障隔离未知输入观测器,但匹配条件限制了该方法的应用。

本章针对离散多智能体系统提出了一种新颖的故障隔离方法。首先,为了隔离某个智能体故障,在其邻居智能体构造了一系列基于邻居相关输出信息的区间观测器。整个系统的扰动、每个智能体故障的界以及邻居智能体的输出被构造成观测器的输入。因此,每个智能体能够确定是哪个邻居发生了故障。其次,通过引入 l_1 和 H_∞ 性能,残差区间的鲁棒性和对故障的敏感性被有效地提高。通过引入松弛变量使得系统矩阵与 Lyapunov 矩阵解耦,误差动态的非负性可以在避免对 Lyapunov 矩阵做结构限制的前提下被保证,从而观测器可以通过同时求解一系列 LMI 条件而得到。最后,当零值被包含在某一残差区间内,而在其他区间之外时,故障被成功地隔离出来。

如第 1 章所述,阈值设定是经典故障检测与隔离方法的一个重要的环节。对多智能体系统来说,阈值设定仍然是至关重要的,并且是一个有挑战的问题。本章针对特定的智能体设计了区间观测器。其中,将可能发生的故障信号的界构造成观测器的一项。当区间观测器匹配上此智能体故障时,零值将保持在区间之内。相反,当发生不匹配故障时,零值将在残差区间之外。不同于上述多智能体系统的故障诊断结果,本书所提出的区间观测器不但能产生残差信号,而且能直接给出阈值。因此,本章方法在不需要设计残差评价函数和阈值的情况下就足以达到故障隔离的效果。最后,所提方法通过仿真算例来验证其有效性。

5.2 故障隔离问题描述

5.2.1 系统建模

考虑由 N 个智能体构成的系统,第 i 个智能体动态如下

$$
\begin{cases}
x_i(k+1) = \hat{A}x_i(k) + \hat{B}u_i(k) + \hat{D}\omega_i(k) + \hat{e}f_i(k) \\
y_i(k) = \hat{C}x_i(k)
\end{cases}
\tag{5-1}
$$

其中,$x_i(k) \in \mathbb{R}^n$,$u_i(k) \in \mathbb{R}^m$,$y_i(k) \in \mathbb{R}^q$ 分别为系统状态、输入和输出向量;$\omega_i \in \mathbb{R}^p$ 表示外部扰动,$f_i \in \mathbb{R}^s$ 表示故障信号,$s \leqslant q < n$。$\hat{A} \in \mathbb{R}^{n \times n}$,$\hat{B} \in \mathbb{R}^{n \times m}$,$\hat{D} \in \mathbb{R}^{n \times p}$,$\hat{e} \in \mathbb{R}^{n \times s}$,$\hat{C} \in R^{q \times n}$ 是已知的常数矩阵。

对于上述由 N 个智能体构成的系统,其拓扑结构记为 $G(V, E, A)$,其中 V 表示顶点集,$V = \{V_1, V_2, \cdots, V_N\}$,$V_i$ 为第 i 个顶点,$i = 1, 2, \cdots, N$;$E = \{(V_i, V_j): V_i, V_j \in V\} \subset V \times V$ 表示边集;$N_p = \{V_j \in V: (V_p, V_j) \in E, p \neq j\}$ 表示节点 V_p 的邻居构成的集合。定义集合 $\overline{N}_p = N_p \cup \{p\}$,且 $|\overline{N}_p|$ 为 $\overline{N}_p$ 的基数。A 表示图 G 的邻接矩阵,对于无向图来说,$A = [a_{ij}] \in \mathbb{R}^{N \times N}$,$a_{ij} = a_{ji}$,当 $(V_i, V_j) \in E$ 时,$a_{ij} = 1$,否则 $a_{ij} = 0$。定义拉普拉斯矩阵为 $E = [l_{ij}] \in \mathbb{R}^{N \times N}$,且

$$
l_{ij} = \begin{cases}
\sum_{j=1}^{N} a_{ij}, & i = j \\
-a_{ij}, & i \neq j
\end{cases}
$$

不失一般性,假设矩阵 $\hat{e}$ 是列满秩的,$(\hat{A}, \hat{B}, \hat{C})$ 是可镇定可观测的,并且假设只有一个智能体发生故障。

假设 5-1 存在已知的界函数 $\underline{\omega}_i(k) \in \mathbb{R}^p$,$\overline{\omega}_i(k) \in \mathbb{R}^p$,$\underline{f}_i(k) \in \mathbb{R}^s$,$\overline{f}_i(k) \in \mathbb{R}^s$ 使得

$$
\underline{\omega}_i(k) \leqslant \omega_i(k) \leqslant \overline{\omega}_i(k)
\tag{5-2}
$$

$$
|f_i(k)| \leqslant \overline{f}_i(k)
\tag{5-3}
$$

注 5-1 与第 1~4 章类似,不等式(5-2)意味着扰动的上、下界需要已知,并且类似于文献[178]和文献[183],不等式(5-3)描述了一类上、下界已知的故障信号,且 $\underline{f}_i(k) = -\overline{f}_i(k)$。

本节受文献[184]启发,首先针对多智能体系统设计如下的输出反馈控制器

$$u_i(k) = K\sum_{j=1}^{N} a_{ij}(y_i(k) - y_j(k)), i = 1, 2, \cdots, N \tag{5-4}$$

将式(5-4)代入式(5-1)中,得到如下闭环动态

$$\begin{cases} x_i(k+1) = \hat{A}x_i(k) + \hat{B}K\hat{C}\sum_{j=1}^{N} a_{ij}(x_i(k) - x_j(k)) + \hat{D}\omega_i(k) + \hat{e}f_i(k) \\ y_i(k) = \hat{C}x_i(k) \end{cases} \tag{5-5}$$

整个闭环多智能体系统可以表示为

$$\begin{cases} x(k+1) = Ax(k) + D\omega(k) + Ef(k) \\ y(k) = Cx(k) \end{cases} \tag{5-6}$$

其中

$$x(k) = \begin{bmatrix} x_1^{\mathrm{T}}(k) & x_2^{\mathrm{T}}(k) & \cdots & x_N^{\mathrm{T}}(k) \end{bmatrix}^{\mathrm{T}} \in \mathbb{R}^{Nn}$$

$$y(k) = \begin{bmatrix} y_1^{\mathrm{T}}(k) & y_2^{\mathrm{T}}(k) & \cdots & y_N^{\mathrm{T}}(k) \end{bmatrix}^{\mathrm{T}} \in \mathbb{R}^{Nq}$$

$$\omega(k) = \begin{bmatrix} \omega_1^{\mathrm{T}}(k) & \omega_2^{\mathrm{T}}(k) & \cdots & \omega_N^{\mathrm{T}}(k) \end{bmatrix}^{\mathrm{T}} \in \mathbb{R}^{Np}$$

$$f(k) = \begin{bmatrix} f_1^{\mathrm{T}}(k) & f_2^{\mathrm{T}}(k) & \cdots & f_N^{\mathrm{T}}(k) \end{bmatrix}^{\mathrm{T}} \in \mathbb{R}^{Ns}$$

$$A = I_N \otimes \hat{A} + L \otimes \hat{B}K\hat{C}$$

$$D = I_N \otimes \hat{D}, E = I_N \otimes \hat{e}, C = I_N \otimes \hat{C}$$

注 5-2 不同于单系统故障隔离方法,对多智能体来说,智能体间的相互作用是不得不考虑在内的问题。因此,必须将控制输入考虑在内。与已有的多智能体相关的故障检测与隔离结果相比,如文献[131]和文献[132],本章首先设计了控制器,从而充分考虑了智能体间的相互通信。与文献[133]和文献[135]相比,本章中假设只有输出信息是可用的。

5.2.2 基于邻居相关输出的区间观测器

本节将设计区间观测器用以隔离 $f_i(k)(i=1,2,\cdots,N)$。首先,多智能体系统(5-6)被重新描述为

$$\begin{cases} x(k+1) = Ax(k) + D\omega(k) + E_{-i}f_{-i}(k) + E_i f_i(k) \\ Y_p(k) = W_p y(k), p \in N_i \end{cases} \tag{5-7}$$

其中,$f_{-i}(k) = \begin{bmatrix} f_1^{\mathrm{T}}(k) & f_2^{\mathrm{T}}(k) & \cdots & f_{i-1}^{\mathrm{T}}(k) & f_{i+1}^{\mathrm{T}}(k) & \cdots & f_N^{\mathrm{T}}(k) \end{bmatrix}^{\mathrm{T}}$,$E_i$ 由矩阵 E 的第 $(i-1)s+1$ 列到第 i 列构成的矩阵;E_{-i} 是由矩阵 E 除去 E_i 剩余的列构成;$Y_p(k) \in \mathbb{R}^{|\overline{N}_p|q}$ 是智能体 p 可用的输出信息;$W_p = W \otimes I_q$ 且 $W \in \mathbb{R}^{|\overline{N}_p| \times N}$。

注 5-3 由于本节首先针对多智能体系统设计了分布式输出反馈控制器,因此需要将闭环系统表达成整个系统(5-6)的形式。动态系统(5-7)在系统(5-6)的基础上,描述智能体

p 可用的自身及邻居输出信息。将系统(5-7)视为智能体 p 的虚拟动态,故障隔离的思路则是在智能体 p,基于虚拟动态设计一系列区间观测器。在此框架下,智能体 p 能够确定是其邻居中的哪一个发生了故障。

基于系统(5-7),在智能体 p,相对于其邻居 i,构造如下基于邻居相关输出的区间观测器

$$
\begin{cases}
\underline{x}_i^p(k+1) = (A - \underline{L}_i^p W_p C)\underline{x}_i^p(k) + \underline{L}_i^p W_p y(k) - \underline{F}_i^p(\bar{x}_i^p(k) - \underline{x}_i^p(k)) + \\
\qquad D^+ \underline{\omega}(k) - D^- \bar{\omega}(k) + E_i^+ \underline{f}_i(k) - E_i^- \bar{f}_i(k) \\
\bar{x}_i^p(k+1) = (A - \overline{L}_i^p W_p C)\bar{x}_i^p(k) + \overline{L}_i^p W_p y(k) + \overline{F}_i^p(\bar{x}_i^p(k) - \underline{x}_i^p(k)) + \\
\qquad D^+ \bar{\omega}(k) - D^- \underline{\omega}(k) + E_i^+ \bar{f}_i(k) - E_i^- \underline{f}_i(k) \\
\underline{Y}_i^p(k) = (W_p C)^+ \underline{x}_i^p(k) - (W_p C)^- \bar{x}_i^p(k) \\
\overline{Y}_i^p(k) = (W_p C)^+ \bar{x}_i^p(k) - (W_p C)^- \underline{x}_i^p(k)
\end{cases}
\tag{5-8}
$$

其中,$\bar{x}_i^p(k) \in \mathbb{R}^{Nn}$,$\underline{x}_i^p(k) \in \mathbb{R}^{Nn}$ 为整个系统状态 $x(k)$ 的上、下界估计;$\bar{y}_i^p(k) \in \mathbb{R}^{|\overline{N}_p|q}$,$\underline{Y}_i^p(k) \in \mathbb{R}^{|\overline{N}_p|q}$ 为 $Y_p(k)$ 的上、下界估计。

定义估计误差和残差信号为

$$
\underline{e}_i^p(k) = x(k) - \underline{x}_i^p(k), \quad \bar{e}_i^p(k) = \bar{x}_i^p(k) - x(k)
$$

$$
\underline{r}_i^p(k) = V_i^p(Y_p(k) - \overline{Y}_i^p(k)), \quad \bar{r}_i^p(k) = V_i^p(Y_p(k) - \underline{Y}_i^p(k))
$$

其中,$V_i^p \in \mathbb{R}^{(N+1)s \times |\overline{N}_p|q}$ 为正矩阵。

那么,由式(5-7)和式(5-8)可得如下误差动态

$$
\begin{cases}
\underline{e}_i^p(k+1) = (A - \underline{L}_i^p W_p C + \underline{F}_i^p)\underline{e}_i^p(k) + \underline{F}_i^p \bar{e}_i^p(k) + \\
\qquad D\omega(k) - (D^+ \underline{\omega}(k) - D^- \bar{\omega}(k)) - \\
\qquad E_i^+ \underline{f}_i(k) + E_i^- \bar{f}_i(k) + E_i f_i(k) + E_{-i} f_{-i}(k) \\
\bar{e}_i^p(k+1) = (A - \overline{L}_i^p W_p C + \overline{F}_i^p)\bar{e}_i^p(k) + \overline{F}_i^p \underline{e}_i^p(k) + \\
\qquad D^+ \bar{\omega}(k) - D^- \underline{\omega}(k) - D\omega(k) + \\
\qquad E_i^+ \bar{f}_i(k) - E_i^- \underline{f}_i(k) - E_i f_i(k) - E_{-i} f_{-i}(k) \\
\underline{r}_i^p(k) = -V_i^p(W_p C)^+ \bar{e}_i^p(k) - V_i^p(W_p C)^- \underline{e}_i^p(k) \\
\bar{r}_i^p(k) = V_i^p(W_p C)^+ \underline{e}_i^p(k) + V_i^p(W_p C)^- \bar{e}_i^p(k)
\end{cases}
\tag{5-9}
$$

对于多智能体系统(5-7),在智能体 p 上设计的区间观测器(5-8)可以用于隔离发生在其邻居 i 上的故障。以下将分两种情况讨论:

(1)当 $f_i(k)$ 发生时,在假设只有一个故障发生的前提下,可得 $f_{-i}(k) = 0$,则误差动

态(5-9)可以重新描述为

$$
\begin{cases}
\underline{e}_i^p(k+1) = (A - \underline{L}_i^p W_p C + \underline{F}_i^p) \underline{e}_i^p(k) + \underline{F}_i^p \overline{e}_i^p(k) + \\
\qquad D\omega(k) - (D^+ \underline{\omega}(k) - D^- \overline{\omega}(k)) - \\
\qquad E_i^+ \underline{f}_i(k) + E_i^- \overline{f}_i(k) + E_i f_i(k) \\
\overline{e}_i^p(k+1) = (A - \overline{L}_i^p W_p C + \overline{F}_i^p) \overline{e}_i^p(k) + \overline{F}_i^p \underline{e}_i^p(k) + \\
\qquad D^+ \overline{\omega}(k) - D^- \underline{\omega}(k) - D\omega(k) + \\
\qquad E_i^+ \overline{f}_i(k) - E_i^- \underline{f}_i(k) - E_i f_i(k) \\
\underline{r}_i^p(k) = -V_i^p(W_p C)^+ \overline{e}_i^p(k) - V_i^p(W_p C)^- \underline{e}_i^p(k) \\
\overline{r}_i^p(k) = V_i^p(W_p C)^+ \underline{e}_i^p(k) + V_i^p(W_p C)^- \overline{e}_i^p(k)
\end{cases} \tag{5-10}
$$

定义

$$
\xi_i^p(k) = \begin{bmatrix} (\underline{e}_i^p(k))^{\mathrm{T}} & (\overline{e}_i^p(k))^{\mathrm{T}} \end{bmatrix}^{\mathrm{T}} \quad r_i^p(k) = \begin{bmatrix} (\underline{r}_i^p(k))^{\mathrm{T}} & (\overline{r}_i^p(k))^{\mathrm{T}} \end{bmatrix}^{\mathrm{T}}
$$

$$
\varphi_i(k) = \begin{bmatrix} \omega^{\mathrm{T}}(k) - \underline{\omega}^{\mathrm{T}}(k) & \overline{\omega}^{\mathrm{T}}(k) - \omega^{\mathrm{T}}(k) & f_i^{\mathrm{T}}(k) - \underline{f}_i^{\mathrm{T}}(k) & \overline{f}_i^{\mathrm{T}}(k) - f_i^{\mathrm{T}}(k) \end{bmatrix}^{\mathrm{T}}
$$

系统(5-10)可以简化为

$$
\begin{cases}
\xi_i^p(k+1) = \widetilde{A}_i^p \xi_i^p(k) + \Lambda_i \varphi_i(k) \\
r_i^p(k) = \widetilde{C}_i^p \xi_i^p(k)
\end{cases} \tag{5-11}
$$

其中

$$
\widetilde{A}_i^p = \begin{bmatrix} A - \underline{L}_i^p W_p C + \underline{F}_i^p & \underline{F}_i^p \\ \overline{F}_i^p & A - \overline{L}_i^p W_p C + \overline{F}_i^p \end{bmatrix}
$$

$$
\Lambda_i = \begin{bmatrix} D^+ & D^- & E_i^- & E_i^+ \\ D^- & D^+ & E_i^+ & E_i^- \end{bmatrix}
$$

$$
\widetilde{C}_i^p = \begin{bmatrix} -V_i^p(W_p C)^- & -V_i^p(W_p C)^+ \\ V_i^p(W_p C)^+ & V_i^p(W_p C)^- \end{bmatrix}
$$

可以看出,矩阵 Λ_i 是非负的且 $\varphi_i(k) \geqslant 0$。如果矩阵 $\widetilde{A}_i^p$ 也是非负的且 $\underline{x}_i^p(0) \leqslant x(0) \leqslant \overline{x}_i^p(0)$,可得

$$
\begin{cases}
\underline{e}_i^p(k) \geqslant 0, \overline{e}_i^p(k) \geqslant 0 \\
\underline{x}_i^p(k) \leqslant x(k) \leqslant \overline{x}_i^p(k) \\
\underline{Y}_i^p(k) \leqslant Y_p(k) \leqslant \overline{Y}_i^p(k) \\
0 \in [\underline{r}_{iz}^p(k), \overline{r}_{iz}^p(k)], z = 1, 2, \cdots, |\overline{N}_p| q
\end{cases}
$$

在这种情况下,当发生匹配故障时,其主要目标是提高残差区间的鲁棒性。

（2）当 $f_j(k)(j \neq i)$ 发生时，在假设只有一个故障发生的前提下，可得 $f_i(k)=0$，$f_{-i}(k) \neq 0$，故障信号 $f_j(k)$ 被包括在 $f_{-i}(k)$ 中。此时，误差动态(5-9)可以重新描述为

$$
\begin{cases}
\underline{e}_i^p(k+1) = (A - \underline{L}_i^p W_p C + \underline{F}_i^p)\underline{e}_i^p(k) + \underline{F}_i^p \overline{e}_i^p(k) + D\omega(k) - (D^+ \underline{\omega}(k) - \\
\qquad D^- \overline{\omega}(k)) - E_i^+ \underline{f}_i(k) + E_i^- \overline{f}_i(k) + E_{-i} f_{-i}(k) \\
\overline{e}_i^p(k+1) = (A - \overline{L}_i^p W_p C + \overline{F}_i^p)\overline{e}_i^p(k) + \overline{F}_i^p \underline{e}_i^p(k) + D^+ \overline{\omega}(k) - D^- \underline{\omega}(k) - \\
\qquad D\omega(k) + E_i^+ \overline{f}_i(k) - E_i^- \underline{f}_i(k) - E_{-i} f_{-i}(k) \\
\underline{r}_i^p(k) = -V_i^p(W_p C)^+ \overline{e}_i^p(k) - V_i^p(W_p C)^- \underline{e}_i^p(k) \\
\overline{r}_i^p(k) = V_i^p(W_p C)^+ \underline{e}_i^p(k) + V_i^p(W_p C)^- \overline{e}_i^p(k)
\end{cases} \tag{5-12}
$$

此时，即使矩阵 $\widetilde{A}_i^p$ 是非负的，动态系统(5-12)的非负性仍不能被保证。类似地，定义

$$\xi_i^p(k) = \begin{bmatrix}(\underline{e}_i^p(k))^T & (\overline{e}_i^p(k))^T\end{bmatrix}^T \quad r_i^p(k) = \begin{bmatrix}(\underline{r}_i^p(k))^T & (\overline{r}_i^p(k))^T\end{bmatrix}^T$$

$$\varphi_i(k) = \begin{bmatrix}\omega^T(k)-\underline{\omega}^T(k) & \overline{\omega}^T(k)-\omega^T(k)\end{bmatrix}^T$$

$$\psi_i(k) = \begin{bmatrix}\underline{f}_i^T(k) & \overline{f}_i^T(k) & f_{-i}^T(k)\end{bmatrix}^T$$

动态系统(5-12)可以简化为

$$
\begin{cases}
\xi_i^p(k+1) = \widetilde{A}_i^p \xi_i^p(k) + \Gamma \varphi(k) + Y_i \psi_i(k) \\
r_i^p(k) = \widetilde{C}_i^p \xi_i^p(k)
\end{cases} \tag{5-13}
$$

其中

$$\widetilde{A}_i^p = \begin{bmatrix} A - \underline{L}_i^p W_p C + \underline{F}_i^p & \underline{F}_i^p \\ \overline{F}_i^p & A - \overline{L}_i^p W_p C + \overline{F}_i^p \end{bmatrix}$$

$$\Gamma = \begin{bmatrix} D^+ & D^- \\ D^- & D^+ \end{bmatrix}$$

$$Y_i = \begin{bmatrix} -E_i^+ & E_i^- & E_{-i} \\ -E_i^- & E_i^+ & -E_{-i} \end{bmatrix}$$

$$\widetilde{C}_i^p = \begin{bmatrix} -V_i^p(W_p C)^- & -V_i^p(W_p C)^+ \\ V_i^p(W_p C)^+ & V_i^p(W_p C)^- \end{bmatrix}$$

在这种情况下，当不匹配故障发生时，其主要目标是提高残差区间的不匹配程度。

基于上述分析，在智能体 p 上设计的区间观测器(5-8)可以用于隔离 $f_i(k)$。详细的故障隔离方案描述如图 5-1 所示。相应的故障隔离决策方案如下：

如果以下两个条件成立，则报警。

$$0 \in [\underline{r}_{iz}^p(k), \overline{r}_{iz}^p(k)], \forall z = 1, 2, \cdots, |\overline{N}_p| q$$

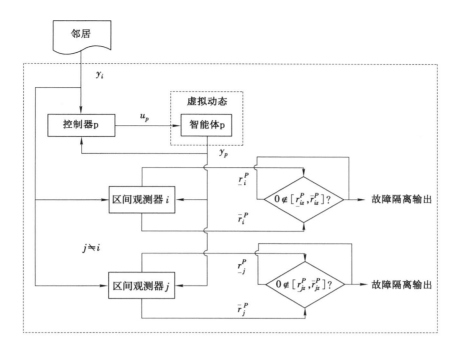

图 5-1　故障隔离方案

至少有一个残差区间满足 $0 \notin \left[\underline{r}_{iz}^{p}(k), \overline{r}_{iz}^{p}(k)\right]$，$\forall j \neq i$。

综上所述，本章的主要目标是设计增益 $\underline{L}_{i}^{p}$、$\overline{L}_{i}^{p}$、$\underline{F}_{i}^{p}$、$\overline{F}_{i}^{p}$ 使得：

(1) $\widetilde{A}_{i}^{p}$ 是 Schur 稳定的且非负的。

(2)（l_{1} 性能）最小化扰动 $\varphi_{i}(k)$ 度残差 $r_{i}^{p}(k)$ 的影响：

$$\sup_{\varphi_{i}(k) \in l_{\infty}} \frac{\|r_{i}^{p}(k)\|_{\infty}}{\|\varphi_{i}(k)\|_{\infty}} < \beta_{i}^{p}$$

(3)（H_{∞} 性能）最大化故障 $\psi_{i}(k)$ 对残差 $r_{i}^{p}(k)$ 的影响：

$$\|r_{i}^{p}(k) - J_{i}^{p}\psi_{i}(k)\|_{2} < \gamma_{i}^{p}\|\psi_{i}(k)\|_{2}$$

其中，权重矩阵 $J_{i}^{p} = \begin{bmatrix} J_{i1}^{p} & J_{i2}^{p} & J_{i3}^{p} \\ J_{i4}^{p} & J_{i5}^{p} & J_{i6}^{p} \end{bmatrix} \in \mathbb{R}^{2(N+1)s \times (N+1)s}$；$J_{i1}^{p}, J_{i2}^{p}, J_{i4}^{p}, J_{i5}^{p} \in \mathbb{R}^{(N+1)s \times s}$；

$J_{i3}^{p}, J_{i6}^{p} \in \mathbb{R}^{(N+1)s \times (N-1)s}$。

注 5-4　由于通信的存在，多智能体系统的故障隔离问题是比较复杂的。当某一智能体故障发生时，其影响将传播到其他智能体，使无故障智能体的运行不正常。本章中设计的区间观测器(5-8)：一方面，使得匹配故障被区间包容；另一方面，不匹配故障被排除在区间之外。进一步地，引入的指标(2)和指标(3)能够使残差区间鲁棒性和对故障的敏感性增加。

注 5-5　在发生不匹配故障时，区间特性将不再成立。但当扰动和故障信号的界与真实值相差较大时,不可避免的会发生误报。

注 5-6　与基于传统故障检测与隔离方法得到的结果[131-136]相比,本章所提方法的优势是基于邻居相关输出的区间观测器不但能产生残差信号,而且能够直接给出阈值。这使得在故障隔离中,省略了针对不同智能体设计不同阈值的环节,简化了设计过程。

5.3　基于邻居相关输出的区间观测器设计

5.3.1　扰动抑制条件

在本节中,扰动抑制条件由下面的定理给出。

定理 5-1　对于给定的 $\beta_i^p > 0$,如果存在矩阵

$$P_i^p = \begin{bmatrix} P_{i1}^p & P_{i2}^p \\ * & P_{i3}^p \end{bmatrix} > 0$$

$$G_i^p = \begin{bmatrix} G_{i1}^p & 0 \\ * & G_{i2}^p \end{bmatrix}$$

$$X_i^p, Y_i^p, R_i^p, S_i^p$$

及正矩阵 V_i^p 和标量 $\mu_i^p > 0, 0 < \alpha_i^p < 1$ 使得不等式成立。

$$\begin{bmatrix}
-\alpha_i^p P_{i1}^p & -\alpha_i^p P_{i2}^p & 0 & 0 & 0 & 0 & -A^T G_{i1}^p + C^T W_p^T X_i^p - R_i^p & -S_i^p \\
* & -\alpha_i^p P_{i3}^p & 0 & 0 & 0 & 0 & -R_i^p & -A^T G_{i2}^p + C^T W_p^T Y_i^p - S_i^p \\
* & * & -\mu_i^p I & 0 & 0 & 0 & -D^{+T} G_{i1}^p & -D^{-T} G_{i2}^p \\
* & * & * & -\mu_i^p I & 0 & 0 & -D^{-T} G_{i1}^p & -D^{+T} G_{i2}^p \\
* & * & * & * & -\mu_i^p I & 0 & -E_i^{-T} G_{i1}^p & -E_i^{+T} G_{i2}^p \\
* & * & * & * & * & -\mu_i^p I & -E_i^{+T} G_{i1}^p & -E_i^{-T} G_{i2}^p \\
* & * & * & * & * & * & P_{i1}^p - G_{i1}^p - (G_{i1}^p)^T & P_{i2}^p \\
* & * & * & * & * & * & * & P_{i3}^p - G_{i2}^p - (G_{i2}^p)^T
\end{bmatrix} < 0$$

$$(5\text{-}14)$$

$$\begin{bmatrix}
-(1-\alpha_i^p)P_{i1}^p & -(1-\alpha_i^p)P_{i2}^p & 0 & -(W_pC)^{-T}(V_i^p)^T & (W_pC)^{+T}(V_i^p)^T \\
* & -(1-\alpha_i^p)P_{i3}^p & 0 & -(W_pC)^{+T}(V_i^p)^T & (W_pC)^{-T}(V_i^p)^T \\
* & * & -(\beta_i^p - \mu_i^p)I & 0 & 0 \\
* & * & * & -\beta_i^p I & 0 \\
* & * & * & * & -\beta_i^p I
\end{bmatrix} < 0$$

$$(5\text{-}15)$$

则系统(5-11)是渐近稳定的,并且在零初始条件下其 l_1 性能指标小于 β_i^p。

证明 首先,选择 Lyapunov 函数为

$$V_1(\xi_i^p(k)) = (\xi_i^p(k))^{\mathrm{T}} P_i^p \xi_i^p(k)$$

如果

$$V_1(\xi_i^p(k+1)) - \alpha_i^p V_1(\xi_i^p(k)) - \mu_i^p \varphi_i^{\mathrm{T}}(k)\varphi_i(k) < 0 \tag{5-16}$$

$$(r_i^p(k))^{\mathrm{T}} r_i^p(k) - \beta_i^p [(1-\alpha_i^p)V_1(\xi_i^p(k)) + (\beta_i^p - \mu_i^p)\varphi_i^{\mathrm{T}}(k)\varphi_i(k)] < 0 \tag{5-17}$$

成立,则系统(5-11)是渐近稳定的,并且在零初始条件下其 l_1 性能指标小于 β_i^p。

一方面,由

$$V_1(\xi_i^p(k+1)) - \alpha_i^p V_1(\xi_i^p(k)) - \mu_i^p \varphi_i^{\mathrm{T}}(k)\varphi_i(k)$$

$$= (\xi_i^p(k))^{\mathrm{T}}((\widetilde{A}_i^p)^{\mathrm{T}} P_i^p \widetilde{A}_i^p - \alpha_i^p P_i^p)\xi_i^p(k) - \mu_i^p \varphi_i^{\mathrm{T}}(k)\varphi_i(k) +$$

$$2(\xi_i^p(k))^{\mathrm{T}}(\widetilde{A}_i^p)^{\mathrm{T}} P_i^p \Lambda_i \varphi_i(k) + \varphi_i(k)\Lambda_i^{\mathrm{T}} P_i^p \Lambda_i \varphi_i(k)$$

$$= \begin{bmatrix} (\xi_i^p(k))^{\mathrm{T}} & \varphi_i^{\mathrm{T}}(k) \end{bmatrix} \begin{bmatrix} (\widetilde{A}_i^p)^{\mathrm{T}} P_i^p \widetilde{A}_i^p - \alpha_i^p P_i^p & (\widetilde{A}_i^p)^{\mathrm{T}} P_i^p \Lambda_i \\ * & \Lambda_i^{\mathrm{T}} P_i^p \Lambda_i - \mu_i^p I \end{bmatrix} \begin{bmatrix} \xi_i^p(k) \\ \varphi_i(k) \end{bmatrix}$$

可知,如果如下不等式成立,则式(5-16)成立。

$$\begin{bmatrix} (\widetilde{A}_i^p)^{\mathrm{T}} \\ \Lambda_i^{\mathrm{T}} \end{bmatrix} P_i^p \begin{bmatrix} \widetilde{A}_i^p & \Lambda_i \end{bmatrix} + \begin{bmatrix} -\alpha_i^p P_i^p & 0 \\ * & -\mu_i^p I \end{bmatrix} < 0 \tag{5-18}$$

引入松弛变量 $G_i^p = \mathrm{diag}\{G_{i1}^p, G_{i2}^p\}$,则不等式(5-18)等价于

$$\begin{bmatrix} -\alpha_i^p P_i^p & 0 & -(\widetilde{A}_i^p)^{\mathrm{T}} G_i^p \\ * & -\mu_i^p I & -\Lambda_i^{\mathrm{T}} G_i^p \\ * & * & P_i^p - G_i^p - (G_i^p)^{\mathrm{T}} \end{bmatrix} < 0$$

定义 $X_i^p = (\underline{L}_i^p)^{\mathrm{T}} G_{i1}^p, Y_i^p = (\overline{L}_i^p)^{\mathrm{T}} G_{i2}^p, R_i^p = (\underline{F}_i^p)^{\mathrm{T}} G_{i1}^p, S_i^p = (\overline{F}_i^p)^{\mathrm{T}} G_{i2}^p$,可得

$$\begin{bmatrix} \Theta_{i11}^p & 0 & \Theta_{i13}^p \\ * & -\mu_i^p I & \Theta_{i23}^p \\ * & * & \Theta_{i33}^p \end{bmatrix} < 0$$

其中

$$\Theta_{i11}^p = -\begin{bmatrix} \alpha_i^p P_{i1}^p & \alpha P_{i2}^p \\ * & \alpha_i^p P_{i3}^p \end{bmatrix}$$

$$\Theta_{i33}^p = \begin{bmatrix} P_{i1}^p - G_{i1}^p - (G_{i1}^p)^{\mathrm{T}} & P_{i2}^p \\ * & P_{i3}^p - G_{i2}^p - (G_{i2}^p)^{\mathrm{T}} \end{bmatrix}$$

$$\Theta_{i13}^p = \begin{bmatrix} -A^{\mathrm{T}}G_{i1}^p + C^{\mathrm{T}}W_p^{\mathrm{T}}X_i^p - R_i^p & -S_i^p \\ -R_i^p & -A^{\mathrm{T}}G_{i2}^p + C^{\mathrm{T}}W_p^{\mathrm{T}}Y_i^p - S_i^p \end{bmatrix}$$

$$\Theta_{i23}^p = -\begin{bmatrix} D^{+\mathrm{T}}G_{i1}^p & D^{-\mathrm{T}}G_{i2}^p \\ D^{-\mathrm{T}}G_{i1}^p & D^{+\mathrm{T}}G_{i2}^p \\ E_i^{-\mathrm{T}}G_{i1}^p & E_i^{+\mathrm{T}}G_{i2}^p \\ E_i^{+\mathrm{T}}G_{i1}^p & E_i^{-\mathrm{T}}G_{i2}^p \end{bmatrix}$$

另一方面,由

$$(\beta_i^p)^{-1}(r_i^p(k))^{\mathrm{T}}r_i^p(k) - [(1-\alpha_i^p)V_1(\xi_i^p(k)) + (\beta_i^p - \mu_i^p)\varphi_i^{\mathrm{T}}(k)\varphi_i(k)]$$

$$= \begin{bmatrix} (\xi_i^p)^{\mathrm{T}} & \varphi_i^{\mathrm{T}} \end{bmatrix} \begin{bmatrix} (\beta_i^p)^{-1}(\widetilde{C}^p)^{\mathrm{T}}\widetilde{C}^p - (1-\alpha_i^p)P_i^p & 0 \\ * & -(\beta_i^p - \mu_i^p)I \end{bmatrix} \begin{bmatrix} \xi_i^p \\ \varphi_i \end{bmatrix}$$

可知,如果下列不等式成立,则式(5-17)成立。

$$\begin{bmatrix} \prod_{i11}^p & 0 & \prod_{i13}^p \\ * & -(\beta_i^p - \mu_i^p)I & 0 \\ * & * & -\beta_i^p I \end{bmatrix} < 0$$

其中

$$\prod_{i11}^p = \begin{bmatrix} -(1-\alpha_i^p)P_{i1}^p & -(1-\alpha_i^p)P_{i2}^p \\ * & -(1-\alpha_i^p)P_{i3}^p \end{bmatrix}$$

$$\prod_{i13}^p = \begin{bmatrix} -(W_pC)^{-\mathrm{T}}(V_i^p)^{\mathrm{T}} & (W_pC)^{+\mathrm{T}}(V_i^p)^{\mathrm{T}} \\ -(W_pC)^{+\mathrm{T}}(V_i^p)^{\mathrm{T}} & (W_pC)^{-\mathrm{T}}(V_i^p)^{\mathrm{T}} \end{bmatrix}$$

证毕。

5.3.2 故障敏感条件

下面给出区间观测器的故障敏感性条件。

定理 5-2 对于给定的 $\gamma_i^p > 0$,如果存在矩阵

$$T_i^p = \begin{bmatrix} T_{i1}^p & T_{i2}^p \\ * & T_{i3}^p \end{bmatrix} > 0$$

$$G_i^p = \begin{bmatrix} G_{i1}^p & 0 \\ * & G_{i2}^p \end{bmatrix}$$

X_i^p、Y_i^p、R_i^p、S_i^p、J_{i1}^p、J_{i2}^p、J_{i3}^p、J_{i4}^p、J_{i5}^p、J_{i6}^p 及正矩阵 V_i^p 使得下列不等式成立

$$\left[\begin{array}{ccccccccc} -T_{i1}^p & -T_{i2}^p & 0 & 0 & 0 & -(W_pC)^{-\mathrm{T}}(V_i^p)^{\mathrm{T}} & (W_pC)^{+\mathrm{T}}(V_i^p)^{\mathrm{T}}-A^{\mathrm{T}}G_{i1}^p+C^{\mathrm{T}}W_p^{\mathrm{T}}X_i^p-R_i^p & -S_i^p \\ * & -T_{i3}^p & 0 & 0 & 0 & -(W_pC)^{+\mathrm{T}}(V_i^p)^{\mathrm{T}} & (W_pC)^{-\mathrm{T}}(V_i^p)^{\mathrm{T}} & -R_i^p & -A^{\mathrm{T}}G_{i2}^p+C^{\mathrm{T}}W_p^{\mathrm{T}}Y_i^p-S_i^p \\ * & * & -(\gamma_i^p)^2I & 0 & 0 & -(J_{i1}^p)^{\mathrm{T}} & -(J_{i4}^p)^{\mathrm{T}} & (E_i^+)^{\mathrm{T}}G_{i1} & (E_i^-)^{\mathrm{T}}G_{i2} \\ * & * & * & -(\gamma_i^p)^2I & 0 & -(J_{i2}^p)^{\mathrm{T}} & -(J_{i5}^p)^{\mathrm{T}} & -(E_i^-)^{\mathrm{T}}G_{i1} & -(E_i^+)^{\mathrm{T}}G_{i2} \\ * & * & * & * & -(\gamma_i^p)^2I & -(J_{i3}^p)^{\mathrm{T}} & -(J_{i6}^p)^{\mathrm{T}} & -(E_{-i})^{\mathrm{T}}G_{i1} & (E_{-i})^{\mathrm{T}}G_{i2} \\ * & * & * & * & * & -I & 0 & 0 & 0 \\ * & * & * & * & * & * & -I & 0 & 0 \\ * & * & * & * & * & * & * & T_{i1}^p-G_{i1}-(G_{i1}^p)^{\mathrm{T}} & T_{i2}^p \\ * & * & * & * & * & * & * & * & T_{i3}^p-G_{i2}^p-(G_{i2}^p)^{\mathrm{T}} \end{array}\right]<0$$

$$(5\text{-}19)$$

则系统(5-13)在零初始条件下其 H_∞ 性能指标小于 γ_i^p。

证明　首先,选择 Lyapunov 函数

$$V_2(\xi_i^p(k))=(\xi_i^p(k))^{\mathrm{T}}T_i^p\xi_i^p(k),$$

如果下列不等式成立

$$V_2(\varepsilon_i^p(k+1))-V_2(\varepsilon_i^p(k))+(\tilde{r}_i^p(k)-J_i^p(k))^{\mathrm{T}}$$
$$(\tilde{r}_i^p(k)-J_i^p\psi_i(k))-(\tilde{\gamma}_i^p)^2\psi_i^{\mathrm{T}}(k)\psi_i(k)<0 \qquad (5\text{-}20)$$

则系统(5-13)满足在零初始条件下其 H_∞ 性能指标小于 γ_i^p。由

$$V_2(\xi_i^p(k+1))-V_2(\xi_i^p(k))+(\tilde{r}_i^p(k)-J_i^p\psi_i(k))^{\mathrm{T}}(\tilde{r}_i^p(k)-$$
$$J_i^p\psi_i(k))-(\tilde{\gamma}_i^p)^2\psi_i^{\mathrm{T}}(k)\psi_i(k)$$
$$=(\xi_i^p)^{\mathrm{T}}((\tilde{A}_i^p)^{\mathrm{T}}T_i^p\tilde{A}_i^p-T_i^p)\xi_i^p+2(\xi_i^p)^{\mathrm{T}}(\tilde{A}_i^p)^{\mathrm{T}}T_i^p\Upsilon_i\psi_i+\psi_i^{\mathrm{T}}\Upsilon_i^{\mathrm{T}}T_i^p\Upsilon_i\psi_i+$$
$$(\xi_i^p)^{\mathrm{T}}(\tilde{C}^p)^{\mathrm{T}}\tilde{C}^p\xi_i^p-2(\xi_i^p)^{\mathrm{T}}(\tilde{C}^p)^{\mathrm{T}}J_i^p\psi_i+\psi_i^{\mathrm{T}}(J_i^p)^{\mathrm{T}}J_i^p\psi_i-(\gamma_i^p)^2\psi_i^{\mathrm{T}}\psi_i$$
$$=\begin{bmatrix}(\xi_i^p)^{\mathrm{T}} & \psi_i^{\mathrm{T}}\end{bmatrix}\begin{bmatrix}(\tilde{A}_i^p)^{\mathrm{T}}T_i^p\tilde{A}_i^p-T_i^p+(\tilde{C}^p)^{\mathrm{T}}\tilde{C}^p & (\tilde{A}_i^p)^{\mathrm{T}}T_i^p\Upsilon_i-(\tilde{C}^p)^{\mathrm{T}}J_i^p \\ * & \Upsilon_i^{\mathrm{T}}T_i^p\Upsilon_i+(J_i^p)^{\mathrm{T}}J_i^p-(\gamma_i^p)^2I\end{bmatrix}\begin{bmatrix}\xi_i^p \\ \psi_i\end{bmatrix}$$

可知,如果下列不等式成立,则式(5-20)成立。

$$\begin{bmatrix}(\tilde{A}_i^p)^{\mathrm{T}}T_i^p\tilde{A}_i^p-T_i^p+(\tilde{C}^p)^{\mathrm{T}}\tilde{C}^p & (\tilde{A}_i^p)^{\mathrm{T}}T_i^p\Upsilon_i-(\tilde{C}^p)^{\mathrm{T}}J_i^p \\ * & \Upsilon_i^{\mathrm{T}}T_i^p\Upsilon_i+(J_i^p)^{\mathrm{T}}J_i^p-(\gamma_i^p)^2I\end{bmatrix}<0$$

引入相同的松弛变量 G_i^p,可得上述不等式等价于

$$\begin{bmatrix}-T_i^p & 0 & (\tilde{C}^p)^{\mathrm{T}} & -(\tilde{A}_i^p)^{\mathrm{T}}G_i^p \\ * & -(\gamma_i^p)^2I & -(J_i^p)^{\mathrm{T}} & -\Upsilon_i^{\mathrm{T}}G_i^p \\ * & * & -I & 0 \\ * & * & * & T_i^p-G_i^p-(G_i^p)^{\mathrm{T}}\end{bmatrix}<0$$

定义 $X_i^p = (\underline{L}_i^p)^{\mathrm{T}} G_{i1}^p, Y_i^p = (\overline{L}_i^p)^{\mathrm{T}} G_{i2}^p, R_i^p = (\underline{F}_i^p)^{\mathrm{T}} G_{i1}^p, S_i^p = (\overline{F}_i^p)^{\mathrm{T}} G_{i2}^p$，可得

$$
\begin{bmatrix}
\Omega_{i11}^p & 0 & (\widetilde{C}^p)^{\mathrm{T}} & \Omega_{i14}^p \\
* & -(\gamma_i^p)^2 I & -(J_i^p)^{\mathrm{T}} & \Omega_{i24}^p \\
* & * & -I & 0 \\
* & * & * & \Omega_{i44}^p
\end{bmatrix} < 0
\tag{5-21}
$$

其中

$$
\Omega_{i11}^p = \begin{bmatrix}
-T_{i1}^p & -T_{i2}^p \\
* & -T_{i3}^p
\end{bmatrix}
$$

$$
\Omega_{i14}^p = \begin{bmatrix}
-A^{\mathrm{T}} G_{i1}^p + C^{\mathrm{T}} W_p^{\mathrm{T}} X_i^p - R_i^p & -S_i^p \\
-R_i^p & -A^{\mathrm{T}} G_{i2}^p + C^{\mathrm{T}} W_p^{\mathrm{T}} Y_i^p - S_i^p
\end{bmatrix}
$$

$$
\Omega_{i24}^p = \begin{bmatrix}
(E_i^+)^{\mathrm{T}} G_{i1}^p & (E_i^-)^{\mathrm{T}} G_{i2}^p \\
-(E_i^-)^{\mathrm{T}} G_{i1}^p & -(E_i^+)^{\mathrm{T}} G_{i2}^p \\
-(E_{-i})^{\mathrm{T}} G_{i1}^p & (E_{-i})^{\mathrm{T}} G_{i2}^p
\end{bmatrix}
$$

$$
\Omega_{i44}^p = \begin{bmatrix}
T_{i1}^p - G_{i1}^p - (G_{i1}^p)^{\mathrm{T}} & T_{i2}^p \\
* & T_{i3}^p - G_{i2}^p - (G_{i2}^p)^{\mathrm{T}}
\end{bmatrix}
$$

证毕。

5.3.3 非负条件

在本节的如下定理中，将基于 LMI 技术给出矩阵 $\widetilde{A}$ 的非负性条件.

定理 5-3 如果存在矩阵

$$
G_{i1}^p = \mathrm{diag}\{G_{i11}^p, G_{i12}^p, \cdots, G_{i1Nn}^p\}
$$

$$
G_{i2}^p = \mathrm{diag}\{G_{i21}^p, G_{i22}^p, \cdots, G_{i2Nn}^p\}
$$

$$
R_i^p = \begin{bmatrix}
R_{i11}^p & R_{i12}^p & \cdots & R_{i1Nn}^p \\
R_{i21}^p & R_{i22}^p & \cdots & R_{i2Nn}^p \\
\vdots & \vdots & & \vdots \\
R_{iNn1}^p & R_{iNn2}^p & \cdots & R_{iNnNn}^p
\end{bmatrix}
$$

$$
S_i^p = \begin{bmatrix}
S_{i11}^p & S_{i12}^p & \cdots & S_{i1Nn}^p \\
S_{i21}^p & S_{i22}^p & \cdots & S_{i2Nn}^p \\
\vdots & \vdots & & \vdots \\
S_{iNn1}^p & S_{iNn2}^p & \cdots & S_{iNnNn}^p
\end{bmatrix}
$$

和矩阵

$$X_i^p = \begin{bmatrix} X_{i1}^p & X_{i2}^p & \cdots & X_{iNn}^p \end{bmatrix}$$

$$Y_i^p = \begin{bmatrix} Y_{i1}^p & Y_{i2}^p & \cdots & Y_{iNn}^p \end{bmatrix}$$

使得不等式

$$\begin{cases} G_{i1g}^p a_{gh} - (X_{ig}^p)^{\mathrm{T}} c_h^p + R_{ihg}^p \geqslant 0 \\ G_{i2g}^p a_{gh} - (Y_{ig}^p)^{\mathrm{T}} c_h^p + S_{ihg}^p \geqslant 0 \end{cases} \tag{5-22}$$

对于 $g,h=1,2,\cdots,Nn$ 成立,则矩阵 $\widetilde{A}_i^p$ 是非负的。

证明 首先,考虑系统矩阵 $A = I_N \otimes \hat{A} + \otimes \hat{B}K\hat{C}$, $C = I_N \otimes \hat{C}$,定义 $C_p = W_p C$,并且改写上述矩阵为

$$A = (a_{gh})_{Nn \times Nn}$$

$$C_p = \begin{bmatrix} c_1^p & c_2^p & \cdots & c_{Nn}^p \end{bmatrix}$$

随后,定义

$$\underline{L}_i^p = \begin{bmatrix} (\underline{l}_{i1}^p)^{\mathrm{T}} & (\underline{l}_{i2}^p)^{\mathrm{T}} & \cdots & (\underline{l}_{iNn}^p)^{\mathrm{T}} \end{bmatrix}^{\mathrm{T}}$$

$$\overline{L}_i^p = \begin{bmatrix} (\overline{l}_{i1}^p)^{\mathrm{T}} & (\overline{l}_{i2}^p)^{\mathrm{T}} & \cdots & (\overline{l}_{iNn}^p)^{\mathrm{T}} \end{bmatrix}^{\mathrm{T}}$$

$$\underline{F}_i^p = \begin{bmatrix} \underline{f}_{i11}^p & \underline{f}_{i12}^p & \cdots & \underline{f}_{i1Nn}^p \\ \underline{f}_{i21}^p & \underline{f}_{i22}^p & \cdots & \underline{f}_{i2Nn}^p \\ \vdots & \vdots & & \vdots \\ \underline{f}_{iNn1}^p & \underline{f}_{iNn2}^p & \cdots & \underline{f}_{iNnNn}^p \end{bmatrix}$$

$$\overline{F}_i^p = \begin{bmatrix} \overline{f}_{i11}^p & \overline{f}_{i12}^p & \cdots & \overline{f}_{i1Nn}^p \\ \overline{f}_{i21}^p & \overline{f}_{i22}^p & \cdots & \overline{f}_{i2Nn}^p \\ \vdots & \vdots & & \vdots \\ \overline{f}_{iNn1}^p & \overline{f}_{iNn2}^p & \cdots & \overline{f}_{iNnNn}^p \end{bmatrix}$$

由

$$A - \underline{L}_i^p C_p + \underline{F}_i^p = \begin{bmatrix} a_{11} - \underline{l}_{i1}^p c_1^p + \underline{f}_{i11}^p & a_{12} - \underline{l}_{i1}^p c_2^p + \underline{f}_{i12}^p & \cdots & a_{1Nn} - \underline{l}_{i1}^p c_{Nn}^p + \underline{f}_{i1Nn}^p \\ a_{21} - \underline{l}_{i2}^p c_1^p + \underline{f}_{i21}^p & a_{22} - \underline{l}_{i2}^p c_2^p + \underline{f}_{i22}^p & \cdots & a_{2Nn} - \underline{l}_{i2}^p c_{Nn}^p + \underline{f}_{i2Nn}^p \\ \vdots & \vdots & & \vdots \\ a_{Nn1} - \underline{l}_{iNn}^p c_1^p + \underline{f}_{iNn1}^p & a_{Nn2} - \underline{l}_{iNn}^p c_2^p + \underline{f}_{iNn2}^p & \cdots & a_{NnNn} - \underline{l}_{iNn}^p c_{Nn}^p + \underline{f}_{iNnNn}^p \end{bmatrix} \tag{5-23}$$

$$A - \overline{L}_i^p C_p + \overline{F}_i^p = \begin{bmatrix} a_{11} - \overline{l}_{i1}^p c_1^p + \overline{f}_{i11}^p & a_{12} - \overline{l}_{i1}^p c_2^p + \overline{f}_{i12}^p & \cdots & a_{1Nn} - \overline{l}_{i1}^p c_{Nn}^p + \overline{f}_{i1Nn}^p \\ a_{21} - \overline{l}_{i2}^p c_1^p + \overline{f}_{i21}^p & a_{22} - \overline{l}_{i2}^p c_2^p + \overline{f}_{i22}^p & \cdots & a_{2Nn} - \overline{l}_{i2}^p c_{Nn}^p + \overline{f}_{i2Nn}^p \\ \vdots & \vdots & & \vdots \\ a_{Nn1} - \overline{l}_{iNn}^p c_1^p + \overline{f}_{iNn1}^p & a_{Nn2} - \overline{l}_{iNn}^p c_2^p + \overline{f}_{iNn2}^p & \cdots & a_{NnNn} - \overline{l}_{iNn}^p c_{Nn}^p + \overline{f}_{iNnNn}^p \end{bmatrix}$$

$$(5\text{-}24)$$

可得非负条件等价于

$$\begin{cases} a_{gh} - \underline{l}_{ig}^p c_h^p + \underline{f}_{igh}^p \geqslant 0 \\ a_{gh} - \overline{l}_{ig}^p c_h^p + \overline{f}_{igh}^p \geqslant 0 \\ g, h = 1, 2, \cdots, Nn \end{cases} \qquad (5\text{-}25)$$

进一步地,选择矩阵变量

$$(X_i^p)^{\mathrm{T}} = (G_{i1}^p)^{\mathrm{T}} \underline{L}_i^p = \begin{bmatrix} X_{i1}^p & X_{i2}^p & \cdots & X_{iNn}^p \end{bmatrix}^{\mathrm{T}}$$

$$(Y_i^p)^{\mathrm{T}} = (G_{i2}^p)^{\mathrm{T}} \overline{L}_i^p = \begin{bmatrix} Y_{i1}^p & Y_{i2}^p & \cdots & Y_{iNn}^p \end{bmatrix}^{\mathrm{T}}$$

$$(R_i^p)^{\mathrm{T}} = (G_{i1}^p)^{\mathrm{T}} \underline{F}_i^p = \begin{bmatrix} R_{i11}^p & R_{i21}^p & \cdots & R_{iNn1}^p \\ R_{i12}^p & R_{i22}^p & \cdots & R_{iNn2}^p \\ \vdots & \vdots & & \vdots \\ R_{i1Nn}^p & R_{i2Nn}^p & \cdots & R_{iNnNn}^p \end{bmatrix}$$

$$(S_i^p)^{\mathrm{T}} = (G_{i2}^p)^{\mathrm{T}} \overline{F}_i^p = \begin{bmatrix} S_{i11}^p & S_{i21}^p & \cdots & S_{iNn1}^p \\ S_{i12}^p & S_{i22}^p & \cdots & S_{iNn2}^p \\ \vdots & \vdots & & \vdots \\ S_{i1Nn}^p & S_{i2Nn}^p & \cdots & S_{iNnNn}^p \end{bmatrix}$$

对不等式(5-23)和不等式(5-24)的左侧分别乘以$(G_{i1}^p)^{\mathrm{T}}$和$(G_{i2}^p)^{\mathrm{T}}$,可得非负限制(5-25)被转化成了 LMI 条件(5-22),证毕。

5.3.4　基于邻居相关输出的区间观测器设计

结合定理 5-1、定理 5-2 和定理 5-3,故障隔离观测器可以通过如下算法得到:

算法 5-1　基于邻居相关输出的故障隔离区间观测器可以通过求解如下的优化问题得到

$$\begin{cases} \min \rho_{i1}^p \beta_i^p + \rho_{i2}^p \gamma_i^p \\ \mathrm{s.\,t.} \ \ \text{式}(5\text{-}14),\text{式}(5\text{-}15),\text{式}(5\text{-}19),\text{式}(5\text{-}22) \end{cases} \qquad (5\text{-}26)$$

其中,ρ_{i1}^p, ρ_{i2}^p 分别为事先给定的正常数。

观测器增益如下

$$L_i^p = (G_{i1}^p)^{-\mathrm{T}}(X_i^p)^{\mathrm{T}}, \overline{L}_i^p = (G_{i2}^p)^{-\mathrm{T}}(Y_i^p)^{\mathrm{T}}$$

$$\underline{F}_i^p = (G_{i1}^p)^{-\mathrm{T}}(R_i^p)^{\mathrm{T}}, \overline{F}_i^p = (G_{i2}^p)^{-\mathrm{T}}(S_i^p)^{\mathrm{T}}$$

5.4　仿真算例

考虑到如下由 4 个 F-18 飞行器通过图 5-2 相互通信而构成的多智能体系统,每个飞行器的动态模型与文献[185]中的相同,即

$$\begin{cases} \begin{bmatrix} \dot{\alpha}_i(t) \\ \dot{q}_i(t) \end{bmatrix} = \widetilde{A} \begin{bmatrix} \alpha_i(t) \\ q_i(t) \end{bmatrix} + \widetilde{B} \begin{bmatrix} \delta_{Ei}(t) \\ \delta_{PTVi}(t) \end{bmatrix} + \widetilde{D}\omega_i(t) + \widetilde{e}f_i(t) \\ y_i(t) = \widetilde{C}x_i(t) \end{cases}$$

其中,$\alpha_i(t),q_i(t)$ 分别为每个飞行器的迎角和俯仰角速率。

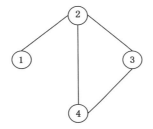

图 5-2　通信图

采用零阶保持等价法和采用周期 $T = 0.1\ \mathrm{s}$,则可得如下离散模型

$$\begin{cases} x_i(k+1) = \widehat{A}x_i(k) + \widehat{B}u_i(k) + \widehat{D}\omega_i(k) + \widehat{e}f_i(k) \\ y_i(k) = \widehat{C}x_i(k) \end{cases}$$

其中

$$\widehat{A} = \begin{bmatrix} 0.882\ 5 & 0.098\ 7 \\ -0.845\ 8 & 0.912\ 2 \end{bmatrix}$$

$$\widehat{B} = \begin{bmatrix} -0.019\ 4 & -0.003\ 6 \\ -1.929\ 0 & -0.380\ 3 \end{bmatrix}$$

$$\widehat{C} = \begin{bmatrix} 1 & 0 \end{bmatrix}$$

$$\widehat{D} = \begin{bmatrix} 1 & 1 \end{bmatrix}^{\mathrm{T}}$$

$$\widehat{e} = \begin{bmatrix} 2 & 3 \end{bmatrix}^{\mathrm{T}}$$

对所有智能体,首先设计如下的输出反馈控制器,即

$$u_i(k) = 10^3 \times [0.278 \ 0 \ -1.411 \ 0] \sum_{j=1}^{N} a_{ij}(y_i(k) - y_j(k))$$

在本算例中,假设 $p=2, i=4$,也就是假设故障 $f_4(k)$ 发生。

首先,有 $W_2 = I_4$,在智能体 2 上设计如下基于邻居相关输出的区间观测器。

(1) 相对于邻居智能体 4

$$\begin{cases} \underline{x}_4^2(k+1) = (A - \underline{L}_4^2 W_2 C)\underline{x}_4^2(k) + \underline{L}_4^2 W_2 y(k) - \underline{F}_4^2(\overline{x}_4^2(k) - \underline{x}_4^2(k)) + \\ \qquad D^+ \underline{\omega}(k) - D^- \overline{\omega}(k) + E_4^+ \underline{f}_4(k) - E_4^- \overline{f}_4(k) \\ \overline{x}_4^2(k+1) = (A - \overline{L}_4^2 W_2 C)\overline{x}_4^2(k) + \overline{L}_4^2 W_2 y(k) + \overline{F}_4^2(\overline{x}_4^2(k) - \underline{x}_4^2(k)) + \\ \qquad D^+ \overline{\omega}(k) - D^- \underline{\omega}(k) + E_4^+ \overline{f}_4(k) - E_4^- \underline{f}_4(k) \\ \underline{Y}_4^2(k) = (W_2 C)^+ \underline{x}_4^2(k) - (W_2 C)^- \overline{x}_4^2(k) \\ \overline{Y}_4^2(k) = (W_2 C)^+ \overline{x}_4^2(k) - (W_2 C)^- \underline{x}_4^2(k) \end{cases} \tag{5-27}$$

(2) 相对于邻居智能体 3

$$\begin{cases} \underline{x}_3^2(k+1) = (A - \underline{L}_3^2 W_2 C)\underline{x}_3^2(k) + \underline{L}_3^2 W_2 y(k) - \underline{F}_3^2(\overline{x}_3^2(k) - \underline{x}_3^2(k)) + \\ \qquad D^+ \underline{\omega}(k) - D^- \overline{\omega}(k) + E_3^+ \underline{f}_3(k) - E_3^- \overline{f}_3(k) \\ \overline{x}_3^2(k+1) = (A - \overline{L}_3^2 W_2 C)\overline{x}_3^2(k) + \overline{L}_3^2 W_2 y(k) + \overline{F}_3^2(\overline{x}_3^2(k) - \underline{x}_3^2(k)) + \\ \qquad D^+ \overline{\omega}(k) - D^- \underline{\omega}(k) + E_3^+ \overline{f}_3(k) - E_3^- \underline{f}_3(k) \\ \underline{Y}_3^2(k) = (W_2 C)^+ \underline{x}_3^2(k) - (W_2 C)^- \overline{x}_3^2(k) \\ \overline{Y}_3^2(k) = (W_2 C)^+ \overline{x}_3^2(k) - (W_2 C)^- \underline{x}_3^2(k) \end{cases} \tag{5-28}$$

(3) 相对于邻居智能体 1

$$\begin{cases} \underline{x}_1^2(k+1) = (A - \underline{L}_1^2 W_2 C)\underline{x}_1^2(k) + \underline{L}_1^2 W_2 y(k) - \underline{F}_1^2(\overline{x}_1^2(k) - \underline{x}_1^2(k)) + \\ \qquad D^+ \underline{\omega}(k) - D^- \overline{\omega}(k) + E_1^+ \underline{f}_1(k) - E_1^- \overline{f}_1(k) \\ \overline{x}_1^2(k+1) = (A - \overline{L}_1^2 W_2 C)\overline{x}_1^2(k) + \overline{L}_1^2 W_2 y(k) + \overline{F}_1^2(\overline{x}_1^2(k) - \underline{x}_1^2(k)) + \\ \qquad D^+ \overline{\omega}(k) - D^- \underline{\omega}(k) + E_1^+ \overline{f}_1(k) - E_1^- \underline{f}_1(k) \\ \underline{Y}_1^2(k) = (W_2 C)^+ \underline{x}_1^2(k) - (W_2 C)^- \overline{x}_1^2(k) \\ \overline{Y}_1^2(k) = (W_2 C)^+ \overline{x}_1^2(k) - (W_2 C)^- \underline{x}_1^2(k) \end{cases} \tag{5-29}$$

其次,固定 $\alpha_i^2 = 0.9, \rho_{i1}^2 = \rho_{i2}^2 = 1$,限制 $(V_i^2)_{gh} > 0.1$,求解优化问题(5-26)。其中 $i = 4$,$3, 1; g = 1, 2, \cdots, 5; h = 1, 2, \cdots, 4$。由此可知,观测器(5-27)的增益如下

$$\underline{L}_4^2 = \begin{bmatrix} 0.559\ 2 & -0.504\ 3 & 0.323\ 7 & -0.341\ 1 & 0.000\ 2 & 0.000\ 2 & 0.000\ 1 & 0.000\ 1 \\ 0.323\ 7 & -0.341\ 1 & -0.087\ 8 & 0.178\ 3 & 0.323\ 7 & -0.341\ 1 & 0.323\ 6 & -0.341\ 2 \\ 0.000\ 2 & 0.000\ 2 & 0.323\ 7 & -0.341\ 1 & 0.235\ 7 & -0.163\ 0 & 0.323\ 6 & -0.341\ 2 \\ 0.000\ 1 & 0.000\ 0 & 0.323\ 5 & -0.341\ 3 & 0.323\ 5 & -0.341\ 3 & 0.235\ 6 & -0.163\ 2 \end{bmatrix}^{\mathrm{T}}$$

$$\overline{L}_4^2 = \begin{bmatrix} 0.537\ 6 & -0.510\ 3 & 0.301\ 0 & -0.347\ 5 & -0.022\ 5 & -0.006\ 2 & -0.051\ 2 & -0.017\ 4 \\ 0.301\ 0 & -0.347\ 5 & -0.109\ 4 & 0.172\ 3 & 0.301\ 0 & -0.347\ 5 & 0.272\ 3 & -0.358\ 7 \\ -0.022\ 5 & -0.006\ 2 & 0.301\ 0 & -0.347\ 5 & 0.214\ 1 & -0.169\ 0 & 0.272\ 3 & -0.358\ 7 \\ -0.007\ 3 & -0.002\ 1 & 0.316\ 2 & -0.343\ 4 & 0.316\ 2 & -0.343\ 4 & 0.219\ 7 & -0.168\ 5 \end{bmatrix}^{\mathrm{T}}$$

$$\underline{F}_4^2 = 10^{-3} \times \begin{bmatrix} 0.176\ 7 & 0.167\ 7 & 0.176\ 7 & 0.167\ 7 & 0.176\ 7 & 0.167\ 7 & 0.117\ 5 & 0.053\ 6 \\ 0.000\ 0 & 0.000\ 0 & 0.000\ 0 & 0.000\ 0 & 0.000\ 0 & 0.000\ 0 & 0.000\ 1 & 0.000\ 1 \\ 0.176\ 7 & 0.167\ 7 & 0.176\ 7 & 0.167\ 7 & 0.176\ 7 & 0.167\ 7 & 0.117\ 5 & 0.053\ 6 \\ 0.000\ 0 & 0.000\ 0 & 0.000\ 0 & 0.000\ 0 & 0.000\ 0 & 0.000\ 0 & 0.000\ 1 & 0.000\ 1 \\ 0.176\ 7 & 0.167\ 7 & 0.176\ 7 & 0.167\ 7 & 0.176\ 7 & 0.167\ 7 & 0.117\ 5 & 0.053\ 6 \\ 0.000\ 0 & 0.000\ 0 & 0.000\ 0 & 0.000\ 0 & 0.000\ 0 & 0.000\ 0 & 0.000\ 1 & 0.000\ 1 \\ 0.058\ 7 & 0.047\ 3 & 0.058\ 7 & 0.047\ 3 & 0.058\ 7 & 0.047\ 3 & 0.042\ 4 & 0.018\ 2 \\ 0.000\ 1 & 0.000\ 1 & 0.000\ 1 & 0.000\ 1 & 0.000\ 1 & 0.000\ 1 & 0.000\ 0 & 0.000\ 0 \end{bmatrix}^{\mathrm{T}}$$

$$\overline{F}_4^2 = 10^{-3} \times \begin{bmatrix} 0.093\ 7 & 0.053\ 9 & 0.093\ 7 & 0.053\ 9 & 0.093\ 7 & 0.053\ 9 & 0.211\ 9 & 0.109\ 2 \\ 0.008\ 5 & 0.004\ 7 & 0.017\ 1 & 0.009\ 4 & 0.017\ 1 & 0.009\ 4 & 0.033\ 7 & 0.019\ 7 \\ 0.093\ 7 & 0.053\ 9 & 0.093\ 7 & 0.053\ 9 & 0.093\ 7 & 0.053\ 9 & 0.211\ 9 & 0.109\ 2 \\ 0.017\ 1 & 0.009\ 4 & 0.008\ 5 & 0.004\ 7 & 0.017\ 1 & 0.009\ 4 & 0.033\ 7 & 0.019\ 7 \\ 0.093\ 7 & 0.053\ 9 & 0.093\ 7 & 0.053\ 9 & 0.093\ 7 & 0.053\ 9 & 0.211\ 9 & 0.109\ 2 \\ 0.017\ 1 & 0.009\ 4 & 0.017\ 1 & 0.009\ 4 & 0.008\ 5 & 0.004\ 7 & 0.033\ 7 & 0.019\ 7 \\ 0.025\ 3 & 0.006\ 6 & 0.025\ 3 & 0.006\ 6 & 0.025\ 3 & 0.006\ 6 & 0.063\ 8 & 0.018\ 6 \\ 0.003\ 8 & 0.000\ 9 & 0.003\ 8 & 0.000\ 9 & 0.003\ 8 & 0.000\ 9 & 0.004\ 5 & 0.001\ 3 \end{bmatrix}^{\mathrm{T}}$$

同样,可得观测器(5-28)和(5-29)的增益。假设初始条件为

$$x(0) = \begin{bmatrix} 0.1 & 0.5 & -0.3 & 0.2 & 0.1 & 0.4 & -0.2 & -0.4 \end{bmatrix}^{\mathrm{T}}$$

$$\underline{x}(0) = \begin{bmatrix} -0.1 & 0.2 & -0.5 & 0.1 & 0.1 & 0.1 & -0.4 & -0.5 \end{bmatrix}^{\mathrm{T}}$$

$$\overline{x}(0) = \begin{bmatrix} 0.3 & 0.8 & -0.1 & 0.3 & 0.3 & 0.5 & 0.1 & -0.2 \end{bmatrix}^{\mathrm{T}}$$

扰动信号与故障信号及它们的界为

$$\omega_1(k) = 0.2 + 0.1 \mid \cos(0.05k) \mid, \omega_2(k) = 0.1\cos(0.01k)$$

$$\omega_3(k) = \cos(0.2\pi k) + 0.3\sin(0.2\pi k), \omega_4(k) = \cos(0.3\pi k) + 0.1\sin(0.3\pi k)$$

$$\underline{\omega}_1(k) = 0.2, \overline{\omega}_1(k) = 0.3$$

$$\underline{\omega}_2(k) = -0.2 \mid \cos(0.01k) \mid, \overline{\omega}_2(k) = 0.2 \mid \cos(0.01k) \mid$$

$$\underline{\omega}_3(k) = \cos(0.2\pi k) - 0.3, \overline{\omega}_3(k) = \cos(0.2\pi k) + 0.3$$

$$\underline{\omega}_4(k) = \cos(0.3\pi k) - 0.1, \overline{\omega}_4(k) = \cos(0.3\pi k) + 0.1$$

$$f_4(k) = \begin{cases} 1.8, 50 \leqslant k \leqslant 100 \\ 0, \text{其他} \end{cases}$$

$$\underline{f}_4(k) = -2, \overline{f}_4(k) = 2, \underline{f}_1(k) = -0.5, \overline{f}_1(k) = 0.5, \underline{f}_3(k) = -1, \overline{f}_3(k) = 1$$

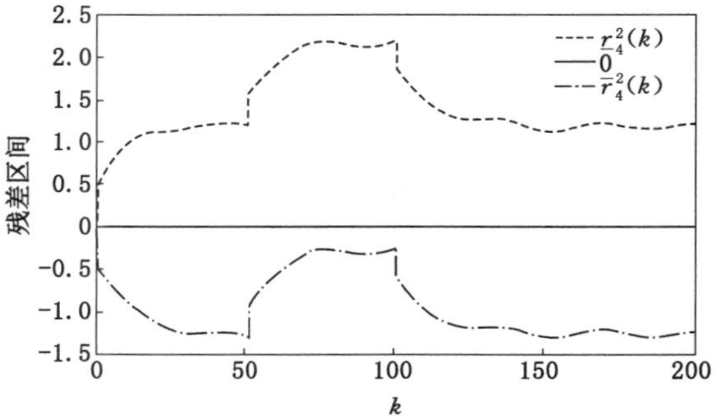

(a) 在智能体2上相对于其邻居4产生的残差区间

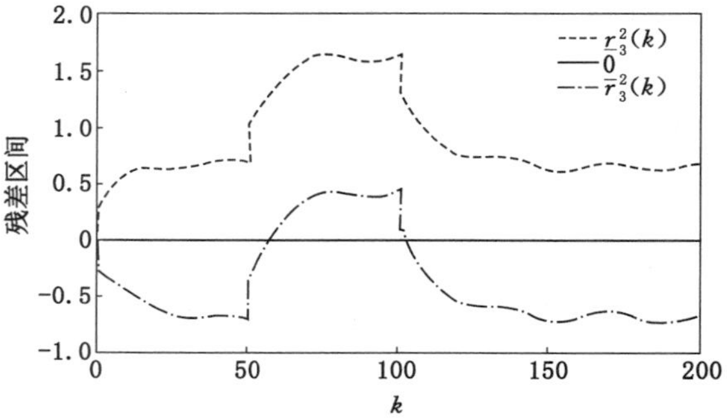

(b) 在智能体2上相对于其邻居3产生的残差区间

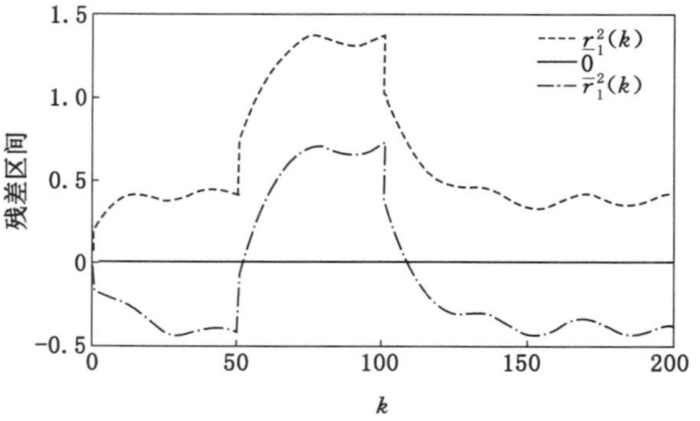

(c) 在智能体2上相对于其邻居1产生的残差区间

图 5-3　在智能体 2 上相对于其邻居 4、邻居 3、邻居 1 产生的残差区间

图 5-3 给出了由区间观测器(5-27),区间观测器(5-28)和区间观测器(5-29)产生的残差区间,由于 $r_i^2(k)$ 的每个分量都是相同的,所以只给出了其中一个。由图 5-3(a)可以看出,$0 \in [\underline{r_4^2(k)}, \overline{r_4^2}(k)]$。但是,在 $51 \leqslant k \leqslant 101$ 时,由图 5-3(b)和图 5-3(c)看出,$0 \notin [\underline{r_3^2(k)}, \overline{r_3^2}(k)]$ 且 $0 \notin [\underline{r_1^2(k)}, \overline{r_1^2}(k)]$,由此判断智能体 4 发生故障。也就是说,智能体 4 发生的故障能够成功地被其邻居 2 隔离出来。

5.5　本章小结

本章针对受扰动和故障信号影响的多智能体系统,设计了一种新颖的故障隔离方法。在各个智能体间存在通信的情况下,为了达到隔离故障的目的,整个系统扰动和每个智能体故障信号的界被用于构造区间观测器。对每个智能体来说,故障隔离区间观测器设计条件可以通过引入松弛变量得到。在这样的框架下,不需要设计残差评价函数和阈值产生器就足以实现隔离的目的。最后,通过仿真结果验证了本章方法的有效性。

6 基于描述性能的严反馈非线性系统故障检测

6.1 引言

正如第 1 章所述，阈值设计是故障检测与隔离的重要的一个环节。区间观测器不但能产生残差，而且能够给出阈值，这是区间观测器用于故障检测与隔离的一个巨大的优势。第 1~5 章针对线性系统，以及对非线性系统有近似能力的线性参数变化系统和 T-S 模糊系统进行了基于区间观测器的故障检测与隔离研究。但是，如果不采用上述近似方法，针对特定的一类非线性系统，又将如何实现故障检测呢？

近年来，针对非线性系统的故障诊断技术层出不穷。文献[137-139]提出了一种基于常数阈值的非线性系统故障诊断方法。但是，鉴于时变阈值在故障诊断方面的优势，其设计问题仍然有待进一步研究。在文献[84]中，基于统计学方法，针对线性化后的模型设计了时变阈值。文献[142]和文献[143]中针对带有可测状态的非线性不确定系统设计了时变阈值。文献[140]在对故障分布矩阵进行约束的前提下，针对一类非线性不确定系统提出了时变阈值的设计方法。但是，当状态是不可测的并且非线性故障函数出现在每个状态方程中时，如何计算时变阈值仍然是一个值得研究的问题。

选择阈值时应该考虑到可能引起误报的所有可能因素。正因为如此，在暂态过程中的超调量引起的误报是不能忽略的。但是，暂态性能很难分析，而文献[186-187]提出了一种基于描述性能的控制器设计方法，这样的控制器能够时刻保证跟踪误差满足描述性能界。也就是说，跟踪误差能够以事先给定的收敛率收敛到事先给定的任意小的界内，并且超调量会小于预先设定的常数。基于描述性能的控制器设计结果已经很多，包括文献[188-190]。同时，也有很多基于描述性能的容错控制文章，如文献[191-194]。基于描述性能的容错控制策略的主要思想是保证在无故障和有故障两种情况下都满足描述性能界。然而，目前尚缺乏基于描述性能的观测器设计以及故障检测方法。

本章针对带有不可测状态和不匹配非线性故障函数的一类不确定严反馈系统设计了基于描述性能的故障检测方法。受到反演控制的启发，本章通过一种递归算法设计了基于观测器的残差产生器。观测器中的待定函数被设计成两部分,其中一部分用于抵消交叉项,另一部分利用误差完成校正。由此可得残差信号在无故障的情况下满足描述性能,并且,所有估计误差都是一致有界的。进一步地,残差信号的描述性能界被作为故障检测阈值。随后,在给出故障检测方案的同时也给出了故障可检测性分析。本章的主要贡献点如下:① 就系统而言,只有输出是可测的,非线性故障函数出现在每个状态方程中,并且对其没有任何严格的假设条件。② 本章首次考虑了残差的描述性能,并且基于此描述性能界,提出了一种新颖的时变阈值设计方法。③ 与没有考虑描述性能的故障检测方法相比,本章提出的故障检测方法能够减小暂态过程由于超调量引起的误报。最后,所提方法的有效性和优越性将通过仿真算例验证。

值得一提的是,虽然本章设计的故障检测观测器与第 2～5 章的区间观测器形式上有所不同,但是从故障检测机制来说,本章利用递归方法设计的基于描述性能的观测器在给出残差信号的同时,也给出了时变阈值,而且这样的时变阈值也是有区间特性的,这与基于区间观测器的故障检测与隔离方法中得到的残差区间的思想不谋而合。因此,本章中提出的故障检测可以理解为基于广义区间观测器的方法。

6.2 故障检测问题描述

6.2.1 系统建模

考虑到如下的一类单输入单输出非线性系统

$$\begin{cases}
\dot{x}_1(t) = f_1(\bar{x}_1(t)) + x_2(t) + d_1(t) + \beta_1(t-T)g_1(\bar{x}_1(t)) \\
\dot{x}_2(t) = f_2(\bar{x}_2(t)) + x_3(t) + d_2(t) + \beta_2(t-T)g_2(\bar{x}_2(t)) \\
\qquad\qquad\qquad\vdots \\
\dot{x}_{n-1}(t) = f_{n-1}(\bar{x}_{n-1}(t)) + x_n(t) + d_{n-1}(t) + \beta_{n-1}(t-T)g_{n-1}(\bar{x}_{n-1}(t)) \\
\dot{x}_n(t) = f_n(x(t)) + u(t) + d_n(t) + \beta_n(t-T)g_n(x(t)) \\
y(t) = x_1(t)
\end{cases} \qquad (6-1)$$

其中,$x(t) = [x_1, \quad x_2, \quad \cdots, \quad x_n]^{\mathrm{T}} \in \mathbb{R}^n$ 是系统状态向量,$u(t) \in \mathbb{R}$,$y(t) \in \mathbb{R}$ 分别为系统的输入和输出;$d_i(t)(i=1,2,\cdots,n)$ 表示扰动信号。令 $\bar{x}_i(t) = [x_1 \quad x_2 \quad \cdots \quad x_i]^{\mathrm{T}} \in \mathbb{R}^i$,$i=1,2,\cdots,n$,$\bar{x}_n(t) = x(t)$。$f_i(\bar{x}_i(t))$,$i=1,2,\cdots,n$ 表示已知的非线性函数;$g_i(\bar{x}_i(t))$,$i=1,2,\cdots,n$ 表示非线性故障函数。$\beta_i(t-T)$ 描述每个故障发生的时间,则

$$\beta_i(t-T) = \begin{cases} 0, t < T \\ 1 - \mathrm{e}^{-\delta_i(t-T)}, t \geq T \end{cases}$$

其中，$\delta_i > 0$ 为未知常数。

注 6-1 函数 $\beta_i(t-T)$，$i=1,2,\cdots,n$ 用于描述故障的增长率。当 δ_i 为一很小的值时，它可以描述缓变故障；当其为一很大值时，它也可以描述突变故障。

接下来，我们对系统做如下假设：

假设 6-1 扰动信号 $d_i(t)$ 满足 $|d_i(t)| \leqslant D_i$，$i=1,2,\cdots,n$ 其中，D_i 为一已知正常数。

假设 6-2 非线性函数 $f_i(\bar{x}_i(t))$ 满足 $|f_i(\bar{x}_i) - f_i(\hat{\bar{x}}_i)| \leqslant c_i \| \bar{x}_i - \hat{\bar{x}}_i \|$，其中 c_i 为已知正常数。

注 6-2 假设 6-1 意味着扰动的界是需要已知的，这在不确定系统的故障检测报道[140] 中是很常见的假设。假设 6-2 对非线性函数提出了标准的 Lipschitz 条件。这种假设在很多文章中广泛被应用，见文献[188]与文献[192]。

本章的主要目标是设计残差产生器，使得：

（1）故障发生前，残差 $r(t)$ 满足指定的描述性能。

（2）设计时变阈值以减少误报。

为了达到上述目标，描述性能函数被用于刻画 $r(t)$ 的暂态和稳态行为。在接下来的介绍中，我们将首先给出描述性能函数的定义。

6.2.2 描述性能函数与问题转换

类似于文献[186]和文献[187]，描述性能函数的定义如下：

定义 6-1 严格递减的光滑正函数 $\lim\limits_{t \to \infty} \rho(t) = \rho_\infty > 0$ 被称为描述性能函数。

在本章中，性能函数选择为指数形式，即 $\rho(t) = (\rho_0 - \rho_\infty)e^{-lt} + \rho_\infty$，其中 ρ_0、ρ_∞、l 分别为严格正常数。

注 6-3 据文献[186]和文献[187]所述，描述性能函数各个量的意义如下：

ρ_0：残差信号的最大超调量。

ρ_∞：残差信号达到稳态时的最大允许值。

l：残差信号收敛下界的递减率。

前面提到的本章第一个目标可以等价为

$$-\rho(t) < r(t) < \rho(t) \tag{6-2}$$

对 $t \geqslant 0$ 成立，即残差信号 $r(t)$ 在暂态和稳态都满足描述性能界。

接下来，我们利用误差变换技术，将受描述性能函数限制的残差信号转化成等价的非受限的信号。定义

$$r(t) = \rho(t)S(\varepsilon(t)) \tag{6-3}$$

其中，$\varepsilon(t)$ 为变换后的残差信号；$S(\varepsilon(t))$ 为一光滑的严格增函数，且其满足如下条件

$$-1 < S(\varepsilon(t)) < 1$$

$$\begin{cases} \lim_{\varepsilon(t) \to -\infty} S(\varepsilon(t)) = -1 \\ \lim_{\varepsilon(t) \to +\infty} S(\varepsilon(t)) = 1 \end{cases}$$

那么,逆变换为 $\varepsilon(t) = S^{-1}(\frac{r(t)}{\rho(t)})$,受文献[186]和文献[187]启发,目标(6-2)被转换成了保证 $\varepsilon(t)$ 有界的问题。在本章中,我们选择 $S(\varepsilon(t)) = \tanh(\varepsilon(t))$,则

$$\varepsilon(t) = S^{-1}(\frac{r(t)}{\rho(t)}) = \frac{1}{2}\ln(1 + \frac{r(t)}{\rho(t)}) - \frac{1}{2}\ln(1 - \frac{r(t)}{\rho(t)})$$

残差信号 $r(t)$ 的微分变换如下

$$\dot{\varepsilon}(t) = \frac{\dot{r}(t) - \dot{\rho}(t)S(\varepsilon)}{\rho(t)\left(\frac{\partial S}{\partial \varepsilon}\right)} \tag{6-4}$$

6.3 广义区间观测器设计

本节将给出基于观测器的残差产生器。首先,设计其为如下结构:

$$\begin{cases} \dot{\hat{x}}_1(t) = f_1(\hat{\bar{x}}_1(t)) + \hat{x}_2(t) + l_n\gamma(*) \\ \dot{\hat{x}}_2(t) = f_2(\hat{\bar{x}}_2(t)) + \hat{x}_3(t) + l_{n-1}\gamma(*) \\ \quad\quad\quad\quad\quad \vdots \\ \dot{\hat{x}}_{n-1}(t) = f_{n-1}(\hat{\bar{x}}_{n-1}(t)) + \hat{x}_n(t) + l_2\gamma(*) \\ \dot{\hat{x}}_n(t) = f_n(\hat{x}(t)) + u(t) + l_1\gamma(*) \\ \hat{y}(t) = \hat{x}_1(t) \\ r(t) = \hat{y}(t) - y(t) \end{cases} \tag{6-5}$$

其中,$\hat{\bar{x}}_i(t) = \begin{bmatrix} \hat{x}_1(t) & \hat{x}_2(t) & \cdots & \hat{x}_i(t) \end{bmatrix}^T \in \mathbb{R}^i (i = 1, 2, \cdots, n)$;$l_1, l_2, \cdots, l_n$ 分别表示常数增益;$\gamma(*)$ 表示待定函数

其次,为了分析故障发生前的残差信号,我们给出如下的误差动态

$$\begin{cases} \dot{e}_1(t) = \Delta f_1(\bar{e}_1(t); \bar{x}_1(t)) + e_2(t) + l_n\gamma(*) - d_1(t) \\ \dot{e}_2(t) = \Delta f_2(\bar{e}_2(t); \bar{x}_2(t)) + e_3(t) + l_{n-1}\gamma(*) - d_2(t) \\ \quad\quad\quad\quad\quad \vdots \\ \dot{e}_{n-1}(t) = \Delta f_{n-1}(\bar{e}_{n-1}(t); \bar{x}_{n-1}(t)) + e_n(t) + l_2\gamma(*) - d_{n-1}(t) \\ \dot{e}_n(t) = \Delta f_n(e(t); x(t)) + l_1\gamma(*) - d_n(t) \\ r(t) = e_1(t) \end{cases} \tag{6-6}$$

其中

$$e_i(t) = \hat{x}_i(t) - x_i(t), i = 1, 2, \cdots, n$$

$$\bar{e}_i(t) = \begin{bmatrix} e_1(t) & e_2(t) & \cdots & e_i(t) \end{bmatrix}^{\mathrm{T}} \in \mathbb{R}^i$$

$$\Delta f_i(\bar{e}_i(t), \bar{x}_i(t)) = f_i(\hat{\bar{x}}_i(t)) - f_i(\bar{x}_i(t))$$

考虑到误差变换(6-3)和微分变换(6-4)，可得如下新的残差动态

$$\dot{\varepsilon}(t) = \frac{1}{\rho(t)\left(\dfrac{\partial S}{\partial \varepsilon}\right)} \left[\dot{r}(t) - \dot{\rho}(t) S(\varepsilon) \right]$$

$$= \frac{1}{\rho(t)\left(\dfrac{\partial S}{\partial \varepsilon}\right)} \left[\Delta f_1(\rho(t)S(\varepsilon); \bar{x}_1(t)) + e_2(t) + l_n\gamma(*) - d_1(t) - \dot{\rho}(t)S(\varepsilon) \right]$$

$$(6\text{-}7)$$

那么，误差系统(6-6)可以改写为

$$\begin{cases} \dot{\varepsilon}(t) = \dfrac{1}{\rho(t)\left(\dfrac{\partial S}{\partial \varepsilon}\right)} \left[\Delta f_1(\rho(t)S(\varepsilon); \bar{x}_1(t)) + e_2(t) + l_n\gamma(*) - d_1(t) - \dot{\rho}(t)S(\varepsilon) \right] \\[6pt] \dot{e}_2(t) = \Delta f_2(\bar{e}_2(t); \bar{x}_2(t)) + e_3(t) + l_{n-1}\gamma(*) - d_2(t) \\ \qquad\qquad \vdots \\ \dot{e}_{n-1}(t) = \Delta f_{n-1}(\bar{e}_{n-1}(t); \bar{x}_{n-1}(t)) + e_n(t) + l_2\gamma(*) - d_{n-1}(t) \\ \dot{e}_n(t) = \Delta f_n(e(t); x(t)) + l_1\gamma(*) - d_n(t) \end{cases}$$

$$(6\text{-}8)$$

残差产生器(6-5)将通过如下递归算法实现：

第 1 步

令 $\varepsilon(t) = 0, e_2(t) = \cdots = e_{n-2}(t) = 0, l_2 = 1$，误差系统(6-8)的最后两个方程为

$$\begin{cases} \dot{e}_{n-1}(t) = \Delta f_{n-1}(\bar{e}_{n-1}(t); \bar{x}_{n-1}(t)) + e_n(t) + \gamma(*) - d_{n-1}(t) \\ \dot{e}_n(t) = \Delta f_n(e(t); x(t)) + l_1\gamma(*) - d_n(t) \end{cases} \tag{6-9}$$

应用坐标变换 $\begin{bmatrix} \xi_{n-1}(t) \\ \xi_n(t) \end{bmatrix} = T_1 \begin{bmatrix} e_{n-1}(t) \\ e_n(t) \end{bmatrix}$，其中 $T_1 = \begin{bmatrix} 1 & 0 \\ -l_1 & 1 \end{bmatrix}$。新坐标下的误差为

$\begin{bmatrix} e_{n-1}(t) \\ e_n(t) \end{bmatrix} = \begin{bmatrix} \xi_{n-1}(t) \\ \xi_n(t) + l_1\xi_{n-1}(t) \end{bmatrix}$。因此，误差动态(6-9)被变换为

$$\begin{cases} \dot{\xi}_{n-1}(t) = \Delta f_{n-1}(0,\cdots,0,\xi_{n-1}(t);\bar{x}_{n-1}(t)) + \xi_n(t) + l_1\xi_{n-1}(t) + \gamma(*) - d_{n-1}(t) \\ \dot{\xi}_n(t) = \Delta f_n(0,\cdots,0,\xi_{n-1}(t),\xi_n(t) + l_1\xi_{n-1}(t);x(t)) - l_1\Delta f_{n-1}(0,\cdots,0,\xi_{n-1}(t); \\ \qquad \bar{x}_{n-1}(t)) - l_1(\xi_n(t) + l_1\xi_{n-1}(t)) + l_1 d_{n-1}(t) - d_n(t) \end{cases}$$

$$(6\text{-}10)$$

将 $\gamma(*)$ 和 $\xi_{n-1}(t)$ 分别看作虚拟输入和输出。式(6-10)可以写成

$$\begin{cases} \dot{\xi}_{n-1}(t) = \Delta f_{n-1}(0,\cdots,0,\xi_{n-1}(t);\bar{x}_{n-1}(t)) + \xi_n(t) + l_1\xi_{n-1}(t) + \gamma(*) - d_{n-1}(t) \\ \dot{\xi}_n(t) = f_n^*(\xi_n(t),x(t)) + \Delta f_n(0,\cdots,0,\xi_{n-1}(t),l_1\xi_{n-1}(t);\bar{x}_{n-1}(t),x_n(t) + \\ \qquad \xi_n(t)) - l_1\Delta f_{n-1}(0,\cdots,0,\xi_{n-1}(t);\bar{x}_{n-1}(t)) - l_1^2\xi_{n-1}(t) + l_1 d_{n-1}(t) - d_n(t) \end{cases}$$

$$(6\text{-}11)$$

其中，$f_n^*(\xi_n(t),x(t)) = \Delta f_n(0,\cdots,0,\xi_n(t);x(t)) - l_1\xi_n(t)$。

在进行递归算法前，首先做如下的假设：

假设 6-3 存在一个关于 $e_n(t)$ 的二次型 C^1 类函数 $V_1(x(t),e_n(t))$，一个常数 l_1 和正常数 α_1、θ_1 使得

$$D_x V_1 \cdot \dot{x}(t) + D_{e_n} V_1 \cdot [\Delta f_n(0,\cdots,0,e_n(t);x(t)) - l_1 e_n(t)]$$
$$\leqslant -\alpha_1 |e_n(t)|^2 + \theta_1 \tag{6-12}$$

成立。

注 6-4 假设 6-3 类似于文献[195]和文献[196]中的第一个假设。这个假设对常数增益 l_1 和函数 $V_1(x(t),e_n(t))$ 的选择提出了要求。基于此假设，可采用构造法选择 $V_1(x(t),e_n(t))$。

选择 Lyapunov 函数为 $\bar{V}_2(x(t),\xi_n(t),\xi_{n-1}(t)) = \bar{V}_1(x(t),\xi_n(t)) + \frac{1}{2}\xi_{n-1}^{\mathrm{T}}(t)\xi_{n-1}(t)$，为简化起见，时间变量 t 将省略不写。沿着动态(6-11)的轨迹，对 $\bar{V}_2$ 求导，可得

$$\dot{\bar{V}}_2 = D_x\bar{V}_1 \cdot \dot{x} + D_{\xi_n}\bar{V}_1 \cdot \dot{\xi}_n + \xi_{n-1}^{\mathrm{T}}\dot{\xi}_{n-1}$$
$$\leqslant D_x\bar{V}_1 \cdot \dot{x} + D_{\xi_n}\bar{V}_1 \cdot [f_n^*(\xi_n,x) + \Delta f_n(0,\cdots,0,\xi_{n-1},l_1\xi_{n-1};\bar{x}_{n-1},x_n + $$
$$\quad \xi_n) - l_1\Delta f_{n-1}(0,\cdots,0,\xi_{n-1};\bar{x}_{n-1}) - l_1^2\xi_{n-1} + l_1 d_{n-1} - d_n] + $$
$$\quad \xi_{n-1}^{\mathrm{T}}[\Delta f_{n-1}(0,\cdots,0,\xi_{n-1};\bar{x}_{n-1}) + \xi_n + l_1\xi_{n-1} + \gamma(*) - d_{n-1}]$$
$$\leqslant -\alpha_1 |\xi_n|^2 + \theta_1 + (\mu_1\sigma_1^2 + \mu_1\rho_n + 1)|\xi_n||\xi_{n-1}| + \mu_1|\xi_n|(\sigma_1 D_{n-1} + $$
$$\quad D_n) + |\xi_{n-1}|^2(\sigma_1 + c_{n-1}) + \xi_{n-1}^{\mathrm{T}}\gamma(*) + |\xi_{n-1}| D_{n-1} \tag{6-13}$$

其中，$|D_{\xi_n}\bar{V}_1| \leqslant \mu_1 |\xi_n|$，$|l_1| = \sigma_1$，$\rho_n = c_n(1+\sigma_1) + c_{n-1}\sigma_1$。

应用三角不等式，可得

$$(\mu_1 \sigma_1^2 + \mu_1 \rho_n + 1) \mid \xi_n \mid \mid \xi_{n-1} \mid \leqslant \frac{1}{\varepsilon_{n1}} \mid \xi_n \mid^2 + \frac{\varepsilon_{n1}}{4} (\mu_1 \sigma_1^2 + \mu_1 \rho_n + 1)^2 \mid \xi_{n-1} \mid^2 \qquad (6\text{-}14)$$

$$\mid \xi_{n-1} \mid D_{n-1} \leqslant \frac{1}{\varepsilon_{n2}} \mid \xi_{n-1} \mid^2 + \frac{\varepsilon_{n2}}{4} D_{n-1}^2 \qquad (6\text{-}15)$$

$$\mu_1 \mid \xi_n \mid (\sigma_1 D_{n-1} + D_n) \leqslant \frac{1}{\varepsilon_{n3}} \mid \xi_n \mid^2 + \frac{\varepsilon_{n3}}{4} \mu_1^2 (\sigma_1 D_{n-1} + D_n)^2 \qquad (6\text{-}16)$$

其中,ε_{n1},ε_{n2},ε_{n3} 分别为正常数。

将不等式(6-14)~不等式(6-16)代入不等式(6-13)中,可得

$$\dot{\tilde{V}}_2 \leqslant -\tilde{\alpha}_2 \mid \xi_n \mid^2 + \left[\frac{\varepsilon_{n1}}{4} (\mu_1 + \mu_1 \rho_n + 1) 2 + \sigma_1 + c_{n-1} + \frac{1}{\varepsilon_{n2}} \right] \mid \xi_{n-1} \mid^2 +$$
$$\xi_{n-1}^{\mathrm{T}} \gamma(*) + \overline{D}_2(D_n, D_{n-1}) \qquad (6\text{-}17)$$

其中,$\tilde{\alpha}_2 = \alpha_1 - \frac{1}{\varepsilon_{n1}} - \frac{1}{\varepsilon_{n3}} > 0$,$\overline{D}_2(D_n, D_{n-1}) = \frac{\varepsilon_{n2}}{4} D_{n-1}^2 + \frac{\varepsilon_{n3}}{4} \mu_1^2 (\sigma_1 D_{n-1} + D_n)^2 + \theta_1$。

令

$$\begin{cases} \dfrac{\varepsilon_{n1}}{4} (\mu_1 \sigma_1^2 + \mu_1 \rho_n + 1)^2 + \sigma_1 + c_{n-1} + \dfrac{1}{\varepsilon_{n2}} + \kappa_1 = \varphi_2 \\ \gamma(*) = -\varphi_2 \xi_{n-1} \end{cases} \qquad (6\text{-}18)$$

则

$$\dot{\tilde{V}}_2 \leqslant -\tilde{\alpha}_2 \mid \xi_n \mid^2 - \kappa_1 \mid \xi_{n-1} \mid^2 + \overline{D}_2(D_n, D_{n-1})$$
$$\leqslant -\overline{\alpha}_2 \parallel (\xi_n, \xi_{n-1}) \parallel^2 + \overline{D}_2(D_n, D_{n-1}) \qquad (6\text{-}19)$$

其中,$\kappa_1 > 0$,$\overline{\alpha}_2 = \min\{\tilde{\alpha}_2, \kappa_1\}$。

回顾坐标变换,则第 1 步的结论总结如下:在假设条件 6-3 下,存在满足式(6-18)的 φ_2 和关于 (e_n, e_{n-1}) 的二次函数 $V_2(x, e_n, e_{n-1})$,使得

$$\dot{V}_2 \leqslant -\alpha_2 \parallel (e_n, e_{n-1}) \parallel^2 + \overline{D}_2(D_n, D_{n-1})$$

其中,$\alpha_2 = \overline{\alpha}_2 \parallel T_1 \parallel^2$。

通过设计 $\gamma(*) = -\varphi_2 e_{n-1}(t)$ 和 $l_1 = \varphi_1$,误差动态可重写为

$$\begin{cases} \dot{e}_{n-1}(t) = \Delta f_{n-1}(0, \cdots, 0, e_{n-1}(t); \overline{x}_{n-1}(t)) + e_n(t) - \varphi_2 e_{n-1}(t) - d_{n-1}(t) \\ \dot{e}_n(t) = \Delta f_n(0, \cdots, 0, e_{n-1}(t), e_n(t); x(t)) - \varphi_1 \varphi_2 e_{n-1}(t) - d_n(t) \end{cases} \qquad (6\text{-}20)$$

第 2 步

令 $\varepsilon(t) = 0$,$e_2(t) = \cdots = e_{n-3}(t) = 0$,$l_1 = \varphi_1 \varphi_2$,$l_2 = \varphi_2$,$l_3 = 1$,误差系统(6-8)的最后三个方程为

$$\dot{e}_{n-2}(t) = \Delta f_{n-2}(0, \cdots, 0, e_{n-2}(t); \overline{x}_{n-2}(t)) + e_{n-1}(t) + \gamma(*) - d_{n-2}(t)$$

$$\dot{e}_{n-1}(t) = \Delta f_{n-1}(0,\cdots,0,e_{n-2}(t),e_{n-1}(t);\bar{x}_{n-1}(t)) + e_n(t) + l_2\gamma(*) - d_{n-1}(t)$$

$$\dot{e}_n(t) = \Delta f_n(0,\cdots,0,e_{n-2}(t),e_{n-1}(t),e_n(t);x(t)) + l_1\gamma(*) - d_n(t)$$

应用相似的坐标变换 T_2,并且选择 Lyapunov 函数为

$$\overline{V}_3(x(t),\xi_n(t),\cdots,\xi_{n-2}(t)) = \overline{V}_2(x(t),\xi_n(t),\xi_{n-1}(t)) + \frac{1}{2}\xi_{n-2}^{\mathrm{T}}(t)\xi_{n-2}(t),$$

可得第 2 步的结论如下:存在满足

$$\sigma_1 + c_{n-2} + \frac{\varepsilon_{n4}}{4} + \frac{1}{\varepsilon_{n5}} + \kappa_2 = \varphi_3 \tag{6-21}$$

的 φ_3 和关于 (e_n,e_{n-1},e_{n-2}) 的二次函数 $V_3(x,e_n,\cdots,e_{n-2})$,使得

$$\dot{V}_3 \leqslant -\alpha_3 \|(e_n,e_{n-1},e_{n-2})\|^2 + \overline{D}_3(D_n,D_{n-1},D_{n-2})$$

其中,$\varepsilon_{n4},\varepsilon_{n5},\kappa_2$ 分别为正常数。且

$$\overline{\alpha}_2 - \frac{1}{\varepsilon_{n4}} > 0,\ \overline{\alpha}_3 = \min\{\overline{\alpha}_2,\overline{\alpha}_2 - \frac{1}{\varepsilon_{n4}},\kappa_2\},\ \alpha_3 = \overline{\alpha}_3 \|T_2\|^2$$

$$\overline{D}_3(D_n,D_{n-1},D_{n-2}) = \frac{\varepsilon_{n5}}{4}D_{n-2}^2 + \overline{D}_2(D_n,D_{n-1})$$

设计 $\gamma(*) = -\varphi_3 e_{n-2}(t)$,则误差动态可以改写为

$$\dot{e}_{n-2}(t) = \Delta f_{n-2}(0,\cdots,0,e_{n-2}(t);\bar{x}_{n-2}(t)) + e_{n-1}(t) - \varphi_3 e_{n-2}(t) - d_{n-2}(t)$$

$$\dot{e}_{n-1}(t) = \Delta f_{n-1}(0,\cdots,0,e_{n-2}(t),e_{n-1}(t);\bar{x}_{n-1}(t)) + e_n(t) - \varphi_2\varphi_3 e_{n-2}(t) - d_{n-1}(t)$$

$$\dot{e}_n(t) = \Delta f_n(0,\cdots,0,e_{n-2}(t),e_{n-1}(t),e_n(t);x(t)) - \varphi_1\varphi_2\varphi_3 e_{n-2}(t) - d_n(t)$$

第 $i(3 \leqslant i \leqslant n-2)$ 步

应用相似的坐标变换 T_i,并且选择 Lyapunov 函数为

$$\overline{V}_{i+1} = \overline{V}_i + \frac{1}{2}\xi_{n-i}^{\mathrm{T}}(t)\xi_{n-i}(t)$$

可得第 i 步的结论如下:存在满足

$$\sigma_1 + c_{n-i} + \frac{\varepsilon_{n(2i)}}{4} + \frac{1}{\varepsilon_{n(2i+1)}} + \kappa_i = \varphi_{i+1} \tag{6-22}$$

的 φ_{i+1} 和关于 $(e_n,\cdots,e_{n-i})$ 的二次函数 $V_{i+1}(x,e_n,\cdots,e_{n-i})$,使得

$$\dot{V}_{i+1} \leqslant -\alpha_{i+1} \|(e_n,\cdots,e_{n-i})\|^2 + \overline{D}_{i+1}(D_n,\cdots,D_{n-i})$$

其中,$\varepsilon_{n(2i)},\varepsilon_{n(2i+1)},\kappa_i$ 为正常数。且

$$\overline{\alpha}_i - \frac{1}{\varepsilon_{n(2i)}} > 0,\ \overline{\alpha}_{i+1} = \min\{\overline{\alpha}_i,\overline{\alpha}_i - \frac{1}{\varepsilon_{n(2i)}},\kappa_i\},\ \alpha_{i+1} = \overline{\alpha}_{i+1} \|T_i\|^2$$

$$\overline{D}_{i+1}(D_n,\cdots,D_{n-i}) = \frac{\varepsilon_{n(2i+1)}}{4}D_{n-i}^2 + \overline{D}_i(D_n,\cdots,D_{n-i+1}),$$

设计 $\gamma(*) = -\varphi_{i+1}e_{n-i}(t)$,则误差动态可以改写为

$$\dot{e}_{n-i}(t) = \Delta f_{n-i}(0, \cdots, 0, e_{n-i}(t); \bar{x}_{n-i}(t)) + e_{n-i+1}(t) - \varphi_{i+1} e_{n-i}(t) - d_{n-i}(t)$$

$$\vdots$$

$$\dot{e}_{n-1}(t) = \Delta f_{n-1}(0, \cdots, 0, e_{n-2}(t), e_{n-1}(t); \bar{x}_{n-1}(t)) + e_n(t) - \varphi_2 \varphi_3 \cdots \varphi_{i+1} e_{n-i}(t)$$
$$- d_{n-1}(t)$$

$$\dot{e}_n(t) = \Delta f_n(0, \cdots, 0, e_{n-2}(t), e_{n-1}(t), e_n(t); x(t)) - \varphi_1 \varphi_2 \varphi_3 \cdots \varphi_{i+1} e_{n-i}(t) - d_n(t)$$

依此类推，直到残差产生器是可实现的。也就是说，直到保证 $\gamma(*)$ 是 $r(t)$ 的函数。在最后一步（第 $n-1$ 步）中，可以实现最终目标。

第 $n-1$ 步

令 $l_1 = \varphi_1 \varphi_2 \cdots \varphi_{n-1}, l_2 = \varphi_2 \cdots \varphi_{n-1}, \cdots, l_{n-1} = \varphi_{n-1}, l_n = 1$，误差系统(6-8)的所有方程为

$$\begin{cases} \dot{\varepsilon}(t) = \dfrac{1}{\rho(t)\left(\dfrac{\partial S}{\partial \varepsilon}\right)} [\Delta f_1(\rho(t)S(\varepsilon); \bar{x}_1(t)) + e_2(t) + \gamma(*) - d_1(t) - \dot{\rho}(t)S(\varepsilon)] \\[4mm] \dot{e}_2(t) = \Delta f_2(\bar{e}_2(t); \bar{x}_2(t)) + e_3(t) + l_{n-1}\gamma(*) - d_2(t) \\[2mm] \qquad\qquad\qquad\qquad \vdots \\[2mm] \dot{e}_{n-1}(t) = \Delta f_{n-1}(\bar{e}_{n-1}(t); \bar{x}_{n-1}(t)) + e_n(t) + l_2\gamma(*) - d_{n-1}(t) \\[2mm] \dot{e}_n(t) = \Delta f_n(e(t); x(t)) + l_1\gamma(*) - d_n(t) \end{cases}$$

$$(6\text{-}23)$$

应用相似的坐标变换，可得 $\xi_1(t) = \varepsilon(t)$。选择 Lyapunov 函数为

$$\overline{V}_n(x(t), \xi(t)) = \overline{V}_{n-1}(x(t), \xi_n(t), \cdots, \xi_2(t)) + \frac{1}{2}\varepsilon^{\mathrm{T}}(t)\varepsilon(t)$$

利用不等式

$$\| \Delta f_1(\rho(t)S(\varepsilon); \bar{x}_1(t)) \| = \| f_1(\rho(t)S(\varepsilon) + \bar{x}_1(t)) - f_1(\bar{x}_1(t)) \|$$
$$\leqslant c_1 \rho(t) \mid S(\varepsilon) \mid$$

沿着动态(6-23)的轨迹，对 $\overline{V}_n$ 求导，可得

$$\dot{\overline{V}}_n = \dot{\overline{V}}_{n-1} + \varepsilon^{\mathrm{T}}\dot{\varepsilon} \mid$$

$$\leqslant -\bar{\alpha}_{n-1} \| (\xi_n, \cdots, \xi_2) \|^2 + \overline{D}_{n-1}(D_n, \cdots, D_2) +$$

$$\qquad \varepsilon^{\mathrm{T}} \frac{1}{\rho\left(\dfrac{\partial S}{\partial \varepsilon}\right)} [\Delta f_1(\rho S(\varepsilon); \bar{x}_1) + \xi_2 + l_1\varepsilon + \gamma(*) - d_1 - \dot{\rho}S(\varepsilon)]$$

$$\leqslant -\bar{\alpha}_{n-1}(\mid \xi_n \mid^2 + \cdots + \mid \xi_2 \mid^2) + \overline{D}_{n-1}(D_n, \cdots, D_2) +$$

$$\qquad \frac{c_1 \rho}{\rho\left(\dfrac{\partial S}{\partial \varepsilon}\right)} \mid \varepsilon \mid \mid S(\varepsilon) \mid +$$

$$\frac{1}{\rho\left(\frac{\partial S}{\partial \varepsilon}\right)}\mid \varepsilon \mid [\mid \xi_2 \mid + \mid l_1 \mid\mid \varepsilon \mid + D_1 + \mid \dot{\rho} \mid\mid S(\varepsilon) \mid] + \frac{1}{\rho\left(\frac{\partial S}{\partial \varepsilon}\right)}\varepsilon^{\mathrm{T}}\gamma(*)$$

$$\leqslant -\overline{\alpha}_{n-1}(\mid \xi_n \mid^2 + \cdots + \mid \xi_2 \mid^2) + \overline{D}_{n-1}(D_n,\cdots,D_2) + \frac{c_1\rho}{\rho\left(\frac{\partial S}{\partial \varepsilon}\right)}\mid \varepsilon \mid\mid S(\varepsilon) \mid +$$

$$\frac{1}{\rho\left(\frac{\partial S}{\partial \varepsilon}\right)}\mid \varepsilon \mid\mid \xi_2 \mid + \frac{\sigma_1}{\rho\left(\frac{\partial S}{\partial \varepsilon}\right)}\mid \varepsilon \mid^2 + \frac{1}{\rho\left(\frac{\partial S}{\partial \varepsilon}\right)}\mid \varepsilon \mid D_1 +$$

$$\frac{\mid \dot{\rho} \mid}{\rho\left(\frac{\partial S}{\partial \varepsilon}\right)}\mid \varepsilon \mid\mid S(\varepsilon) \mid + \frac{1}{\rho\left(\frac{\partial S}{\partial \varepsilon}\right)}\varepsilon^{\mathrm{T}}\gamma(*)$$

$$\leqslant -\overline{\alpha}_{n-1}(\mid \xi_n \mid^2 + \cdots + \mid \xi_3 \mid^2) - (\overline{\alpha}_{n-1} - \frac{1}{\varepsilon_{n(2n-2)}})\mid \xi_2 \mid^2 +$$

$$\overline{D}_{n-1}(D_n,\cdots,D_2) + \frac{\varepsilon_{n(2n-1)}}{4}D_1^2 + \left[\frac{\varepsilon_{n(2n-2)}}{4}\frac{1}{\rho^2\left(\frac{\partial S}{\partial \varepsilon}\right)^2} +\right.$$

$$\frac{\sigma_1}{\rho\left(\frac{\partial S}{\partial \varepsilon}\right)} + \frac{1}{\varepsilon_{n(2n-1)}}\frac{1}{\rho^2\left(\frac{\partial S}{\partial \varepsilon}\right)^2}\left]\mid \varepsilon \mid^2 +\right.$$

$$\frac{1}{\rho\left(\frac{\partial S}{\partial \varepsilon}\right)}(c_1\rho + \mid \dot{\rho} \mid)\mid \varepsilon \mid\mid S(\varepsilon) \mid + \frac{1}{\rho\left(\frac{\partial S}{\partial \varepsilon}\right)}\varepsilon^{\mathrm{T}}\gamma(*)$$

令

$$\frac{\varepsilon_{n(2n-2)}}{4}\frac{1}{\rho^2\left(\frac{\partial S}{\partial \varepsilon}\right)^2} + \frac{\sigma_1}{\rho\left(\frac{\partial S}{\partial \varepsilon}\right)} + \frac{1}{\varepsilon_{n(2n-1)}}\frac{1}{\rho^2\left(\frac{\partial S}{\partial \varepsilon}\right)^2} + \kappa_{n-1} = \varphi_n \tag{6-24}$$

$$\gamma(*) = -(\rho c_1 + \mid \dot{\rho} \mid)S(\varepsilon) - \varphi_n\varepsilon\rho\left(\frac{\partial S}{\partial \varepsilon}\right) \tag{6-25}$$

可得

$$\dot{\overline{V}}_n \leqslant -\overline{\alpha}_{n-1}(\mid \xi_n \mid^2 + \cdots + \mid \xi_3 \mid^2) - (\overline{\alpha}_{n-1} - \frac{1}{\varepsilon_{n(2n-2)}})\mid \xi_2 \mid^2 - \kappa_{n-1}\mid \varepsilon \mid^2 +$$

$$\overline{D}_{n-1}(D_n,\cdots,D_2) + \frac{\varepsilon_{n(2n-1)}}{4}D_1^2$$

$$\leqslant -\overline{\alpha}_{n-1}(\mid \xi_n \mid^2 + \cdots + \mid \xi_3 \mid^2) - \hat{\alpha}_{n-1}\mid \xi_2 \mid^2 - \kappa_{n-1}\mid \varepsilon \mid^2 + \overline{D}_n(D_n,\cdots,D_1) \tag{6-26}$$

其中，$\varepsilon_{n(2n-2)}$，$\varepsilon_{n(2n-1)}$，κ_{n-1}分别为正常数。且

$$\hat{\alpha}_{n-1} = \overline{\alpha}_{n-1} - \frac{1}{\varepsilon_{n(2n-2)}} > 0$$

$$\overline{D}_n(D_n,\cdots,D_1) = \overline{D}_{n-1}(D_n,\cdots,D_2) + \frac{\varepsilon_{n(2n-1)}}{4}D_1^2$$

综上所述,第 $n-1$ 步得到的结论为:存在满足(6-24)的 φ_n 和关于 $(e_n,\cdots,e_2,\varepsilon)$ 的二次函数 $V_n(x,e_n,\cdots,e_2,\varepsilon)$,使得不等式(6-26)成立,通过设计 $\gamma(*)$ 使其满足式(6-25),则误差系统为

$$\dot{\varepsilon}(t) = \frac{1}{\rho(t)\left(\frac{\partial S}{\partial \varepsilon}\right)}[\Delta f_1(\rho(t)S(\varepsilon);\bar{x}_1(t)) + e_2(t) - \rho(t)c_1 S(\varepsilon) - d_1(t)] - \varphi_n\varepsilon(t)$$

$$\dot{e}_2(t) = \Delta f_2(\bar{e}_2(t);\bar{x}_2(t)) + e_3(t) - \varphi_{n-1}(\rho(t)c_1 + |\dot{\rho}(t)|)S(\varepsilon) -$$

$$\varphi_{n-1}\varphi_n\varepsilon(t)\rho(t)\left(\frac{\partial S}{\partial \varepsilon}\right) - d_2(t)$$

$$\vdots$$

$$\dot{e}_{n-1}(t) = \Delta f_{n-1}(\bar{e}_{n-1}(t);\bar{x}_{n-1}(t)) + e_n(t) - \varphi_2\cdots\varphi_{n-1}(\rho(t)c_1 +$$

$$|\dot{\rho}(t)|)S(\varepsilon) - \varphi_2\cdots\varphi_{n-1}\varphi_n\varepsilon(t)\rho(t)\left(\frac{\partial S}{\partial \varepsilon}\right) - d_{n-1}(t)$$

$$\dot{e}_n(t) = \Delta f_n(e(t);x(t)) - \varphi_1\varphi_2\cdots\varphi_{n-1}(\rho(t)c_1 + |\dot{\rho}(t)|)S(\varepsilon) -$$

$$\varphi_1\varphi_2\cdots\varphi_{n-1}\varphi_n\varepsilon(t)\rho(t)\left(\frac{\partial S}{\partial \varepsilon}\right) - d_n(t),$$

基于以上分析,下面给出本章的主要定理。

定理 6-1 考虑满足假设 6-1 至假设 6-3 的系统(6-1),设计如式(6-5)的残差产生器,并选择

$$l_1 = \varphi_1\varphi_2\cdots\varphi_{n-1}, l_2 = \varphi_2\cdots\varphi_{n-1},\cdots,l_{n-1} = \varphi_{n-1}, l_n = 1$$

$$\gamma(*) = -(\rho(t)c_1 + |\dot{\rho}(t)|)S(\varepsilon) - \varphi_n\varepsilon(t)\rho(t)\left(\frac{\partial S}{\partial \varepsilon}\right)$$

其中,$\varphi_2,\varphi_3,\varphi_{i+1}(3\leqslant i\leqslant n-2),\varphi_n$ 分别满足式(6-18)、式(6-21)、式(6-22)和式(6-24),则存在正常数 $\varepsilon_{n1},\varepsilon_{n2},\cdots,\varepsilon_{n(2n-1)},\kappa_1,\kappa_2,\cdots,\kappa_{n-1}$,使得在故障发生前 $e_n(t),\cdots,e_2(t),\varepsilon(t)$ 是一致有界的,并且残差信号在预先给定的描述性能界内。

证明 由式(6-26)可得 $\dot{\overline{V}}_n$ 在如下紧集外是负的

$$\sum_{(\varepsilon,\xi_2,\cdots,\xi_n)} = \left\{ (\varepsilon,\xi_2,\cdots,\xi_n) \left| |\varepsilon| \leqslant \sqrt{\frac{\overline{D}_n}{\kappa_{n-1}}}, |\xi_2| \leqslant \sqrt{\frac{\overline{D}_n}{\hat{\alpha}_{n-1}}}, \|(\xi_3,\cdots,\xi_n)\| \leqslant \sqrt{\frac{\overline{D}_n}{\bar{\alpha}_{n-1}}} \right. \right\}$$

$$(6-27)$$

也就是说,$(\varepsilon,\xi_2,\cdots,\xi_n)$ 是一致有界的。由此可得,$(\varepsilon,e_2,\cdots,e_n)$ 也是一致有界的,而且残差信号 $r(t)$ 在预先给定的描述性能界内,证毕。

注 6-5 从式(6-27)和 $\overline{D}_n,\hat{\alpha}_{n-1},\bar{\alpha}_{n-1}$ 中不难看出,$(\varepsilon,\xi_2,\cdots,\xi_n)$ 的界可以通过减小设计参数 $\varepsilon_{ni}(i=2,3,5,\cdots,2n-1)$ 或增大 $\varepsilon_{ni}(i=1,4,\cdots,2n-2)$ 及 $\kappa_i(i=1,2,\cdots,n-1)$ 来降低。同

时,由式(6-18)、式(6-21)、式(6-22)和式(6-24)看出,上述参数选择方法将产生较大的 φ_i,$i=2$,$\cdots$,n 而这是实际中所不期望的。因此,在保证界尽可能小和保证残差产生器的可实现性之间存在折中。虽然本章的算法中涉及很多参数,但是上述参数选择原则支撑了算法的可实现性。类似的参数选择方法也被用于文献[197]中。

注 6-6 为了与定理 6-1 进行比较,如下的推论中给出了不考虑描述性能的残差产生器。为了方便比较,残差产生器的结构与式(6-5)相同,即增益、待定函数以及设计参数都采用相同的符号。

推论 6-1 考虑满足假设 6-1 至假设 6-3 的系统(6-1),设计如式(6-5)残差产生器,并选择 $l_1=\varphi_1\varphi_2\cdots\varphi_{n-1}$,$l_2=\varphi_2\cdots\varphi_{n-1}$,$\cdots$,$l_{n-1}=\varphi_{n-1}$,$l_n=1$,且

$$\gamma'(*) = -\varphi_n'\xi_1 \tag{6-28}$$

其中,φ_2,φ_3,φ_{i+1}($3\leqslant i\leqslant n-2$)分别满足式(6-18)、式(6-21)和式(6-22),以及

$$\frac{\varepsilon_{n(2n-2)}}{4} + c_1 + \sigma_1 + \frac{1}{\varepsilon_{n(2n-1)}} + \kappa_{n-1} = \varphi'_n \tag{6-29}$$

则存在正常数 ε_{n1},ε_{n2},$\cdots$,$\varepsilon_{n(2n-1)}$,κ_1,κ_2,$\cdots$,κ_{n-1} 使得在故障发生前,$e_n(t)$,$\cdots$,$e_2(t)$ 是一致有界的,并且残差信号满足 $|r(t)|\leqslant\sqrt{\dfrac{\overline{D}_n}{\kappa_{n-1}}}$。

证明 考虑原始的误差动态(6-6),递归算法的第 1 步到第 $n-2$ 步与定理 6-1 相同。不同的是第 $n-1$ 步:令 $l_1=\varphi_1\varphi_2\cdots\varphi_{n-1}$,$l_2=\varphi_2\cdots\varphi_{n-1}$,$\cdots$,$l_{n-1}=\varphi_{n-1}$,$l_n=1$,式(6-6)的所有方程为

$$\begin{cases} \dot{e}_1(t) = \Delta f_1(\bar{e}_1(t);\bar{x}_1(t)) + e_2(t) + \gamma'(*) - d_1(t) \\ \dot{e}_2(t) = \Delta f_2(\bar{e}_2(t);\bar{x}_2(t)) + e_3(t) + l_{n-1}\gamma'(*) - d_2(t) \\ \qquad\qquad\qquad\vdots \\ \dot{e}_{n-1}(t) = \Delta f_{n-1}(\bar{e}_{n-1}(t);\bar{x}_{n-1}(t)) + e_n(t) + l_2\gamma'(*) - d_{n-1}(t) \\ r(t) = e_1(t) \end{cases} \tag{6-30}$$

应用类似的坐标变换,可得 $e_1(t)=\xi_1(t)$,$e_2(t)=\xi_2(t)+l_1\xi_1(t)$。选择 Lyapunov 函数为

$$\overline{V}_n(x(t),\xi(t)) = \overline{V}_{n-1}(x(t),\xi_n(t),\cdots,\xi_2(t)) + \frac{1}{2}\xi_1^{\mathrm{T}}(t)\xi_1(t)$$

沿着动态(6-30)的轨迹,对 $\overline{V}_n$ 求导,可得

$$\begin{aligned} \dot{\overline{V}}_n &= \dot{\overline{V}}_{n-1} + \xi_1^{\mathrm{T}}\dot{\xi}_1 \\ &\leqslant -\overline{\alpha}_{n-1}\|(\xi_n,\cdots,\xi_2)\|^2 + \overline{D}_{n-1}(D_n,\cdots,D_2) + \\ &\quad \xi_1^{\mathrm{T}}[\Delta f_1(\xi_1;x_1) + \xi_2 + l_1\xi_1 + \gamma'(*) - d_1] \\ &\leqslant -\overline{\alpha}_{n-1}(|\xi_n|^2 + \cdots + |\xi_2|^2) + \overline{D}_{n-1}(D_n,\cdots,D_2) + \\ &\quad (c_1+\sigma_1)|\xi_1|^2 + |\xi_1||\xi_2| + |\xi_1|D_1 + \xi_1^{\mathrm{T}}\gamma'(*) \\ &\leqslant -\overline{\alpha}_{n-1}(|\xi_n|^2 + \cdots + |\xi_3|^2) - (\overline{\alpha}_{n-1} - \frac{1}{\varepsilon_{n(2n-2)}})|\xi_2|^2 + \end{aligned}$$

$$\overline{D}_{n-1}(D_n, \cdots, D_2) + \frac{\varepsilon_{n(2n-1)}}{4}D_1^2 + \left[\frac{\varepsilon_{n(2n-2)}}{4} + c_1 + \sigma_1 + \frac{1}{\varepsilon_{n(2n-1)}}\right] | \xi_1 |^2 + \xi_1^{\mathrm{T}}\gamma'(*)$$

设计 $\gamma'(*)$ 和 φ'_n，使其分别满足式(6-28)和式(6-29)，可得

$$\dot{\overline{V}}_n \leqslant -\overline{\alpha}_{n-1}(| \xi_n |^2 + \cdots + | \xi_3 |^2) - (\overline{\alpha}_{n-1} - \frac{1}{\varepsilon_{n(2n-2)}}) | \xi_2 |^2 - \kappa_{n-1} | \xi_1 |^2 +$$

$$\overline{D}_{n-1}(D_n, \cdots, D_2) + \frac{\varepsilon_{n(2n-1)}}{4}D_1^2$$

$$\leqslant -\overline{\alpha}_{n-1}(| \xi_n |^2 + \cdots + | \xi_3 |^2) - \hat{\alpha}_{n-1} | \xi_2 |^2 - \kappa_{n-1} | \xi_1 |^2 + \overline{D}_n(D_n, \cdots, D_1)$$

由此可知，$\dot{\overline{V}}_n$ 在如下紧集外是负的

$$\sum_{(\xi_1, \xi_2, \cdots, \xi_n)} = \left\{ (\xi_1, \xi_2, \cdots, \xi_n) \middle| | \xi_1 | \leqslant \sqrt{\frac{\overline{D}_n}{\kappa_{n-1}}}, | \xi_2 | \leqslant \sqrt{\frac{\overline{D}_n}{\hat{\alpha}_{n-1}}}, \| (\xi_3, \cdots, \xi_n) \| \leqslant \sqrt{\frac{\overline{D}_n}{\overline{\alpha}_{n-1}}} \right\},$$

证毕。

注 6-7 由推论 6-1 得常数 $\sqrt{\dfrac{\overline{D}_n}{\kappa_{n-1}}}$ 可用作故障检测阈值，这样的常数阈值与本章定理中所得到的时变阈值形成的比较将在以下章节中详细论述。

6.4　故障检测分析

在本节中，将给出基于定理 6-1 的故障检测方案。回顾变换 $r(t) = \rho(t)S(\varepsilon)$，定义 $\overline{\varepsilon} = \sqrt{\dfrac{\overline{D}_n}{\kappa_{n-1}}}$，可得 $|S(\varepsilon)| \leqslant S(\varepsilon)|_{\varepsilon=\overline{\varepsilon}} = S(\overline{\varepsilon})$ 成立，进而

$$| r(t) | = \rho(t) | S(\varepsilon) | \leqslant \rho(t)S(\overline{\varepsilon}) \tag{6-31}$$

由式(6-31)可得如下的时变阈值 $-\rho(t)S(\overline{\varepsilon}) \leqslant r(t) \leqslant \rho(t)S(\overline{\varepsilon})$。基于上述时变阈值，故障检测决策方案设计如下：

故障检测决策方案：当残差信号大于上界阈值 $\rho(t)S(\overline{\varepsilon})$ 或下界阈值 $-\rho(t)S(\overline{\varepsilon})$ 时，报警。

注 6-8　在(6-31)中，选择 $\rho(t)$ 满足

$$\rho_0 > \frac{\max\{| r(0) |, \overline{\varepsilon}\}}{S(\overline{\varepsilon})}, 0 < \rho_\infty \leqslant 1$$

在这种情况下得到的时变阈值与常数阈值 $\overline{\varepsilon}$ 相比，有如下优势：

(1) $\lim\limits_{t \to 0}\rho(t)S(\overline{\varepsilon}) = \rho_0 S(\overline{\varepsilon}) > \overline{\varepsilon}$。

(2) $\lim\limits_{t \to \infty}\rho(t)S(\overline{\varepsilon}) = \rho_\infty S(\overline{\varepsilon}) < \overline{\varepsilon}$。

一方面，时变阈值的初始值及在暂态过程中其值都大于常数阈值；另一方面，时变阈值的稳态值小于常数阈值。第一个特点使得时变阈值能够减少由超调量引起的误报。第二个特点有利于成功检测故障。

受到文献[142]、文献[143]和文献[197]启发，在如下的定理中，通过描述可检测故障集，我们给出了可检测性分析。

定理 6-2　如果存在时间区间 $[T+t_1, T+t_2]$ $(t_2 > t_1 \geqslant 0)$，使得故障满足

$$\left\| \int_{T+t_1}^{T+t_2} C e^{A(T+t_2-\tau)} g(x(\tau)) d\tau \right\| \geqslant (1 + k e^{-\lambda(t_2-t_1)}) \rho(t) S(\bar{\epsilon}) +$$

$$k e^{-\lambda(t_2-t_1)} \sum_{i=2}^{n} \epsilon_i + \frac{k}{\lambda}(1 - e^{-\lambda(t_2-t_1)})(\bar{\omega} + \sum_{i=1}^{n} D_i) \tag{6-32}$$

则故障可以被检测出来，即 $|r(T+t_2)| > \rho(t) S(\bar{\epsilon})$。

证明　将误差动态(6-6)写成如下紧凑的形式：

$$\begin{cases} \dot{e}(t) = A e(t) + \Delta f(e(t), x(t)) - d(t) - \beta(t-T) g(x(t)) \\ r(t) = C e(t) \end{cases} \tag{6-33}$$

其中

$$e(t) = \begin{bmatrix} e_1(t) \\ e_2(t) \\ \vdots \\ e_{n-1}(t) \\ e_n(t) \end{bmatrix}, d(t) = \begin{bmatrix} d_1(t) \\ d_2(t) \\ \vdots \\ d_{n-1}(t) \\ d_n(t) \end{bmatrix}, g(x(t)) = \begin{bmatrix} g_1(\bar{x}_1(t)) \\ g_2(\bar{x}_2(t)) \\ \vdots \\ g_{n-1}(\bar{x}_{n-1}(t)) \\ g_n(\bar{x}_n(t)) \end{bmatrix}$$

$$\Delta f(e(t), x(t)) = \begin{bmatrix} \Delta f_1(\bar{e}_1(t); \bar{x}_1(t)) \\ \Delta f_2(\bar{e}_2(t); \bar{x}_2(t)) \\ \vdots \\ \Delta f_{n-1}(\bar{e}_{n-1}(t); \bar{x}_{n-1}(t)) \\ \Delta f_n(e(t); x(t)) \end{bmatrix} +$$

$$\begin{bmatrix} -(\rho(t) c_1 + |\dot{\rho}(t)|) S(\epsilon) - \varphi_n \epsilon(t) \rho(t) \left(\frac{\partial S}{\partial \epsilon} \right) + e_1(t) \\ -\varphi_{n-1}(\rho(t) c_1 + |\dot{\rho}(t)|) S(\epsilon) - \varphi_{n-1} \varphi_n \epsilon(t) \rho(t) \left(\frac{\partial S}{\partial \epsilon} \right) + e_2(t) \\ \vdots \\ -\varphi_2 \cdots \varphi_{n-1}(\rho(t) c_1 + |\dot{\rho}(t)|) S(\epsilon) - \varphi_2 \cdots \varphi_{n-1} \varphi_n \epsilon(t) \rho(t) \left(\frac{\partial S}{\partial \epsilon} \right) + e_{n-1}(t) \\ -\varphi_1 \varphi_2 \cdots \varphi_{n-1}(\rho(t) c_1 + |\dot{\rho}(t)|) S(\epsilon) - \varphi_1 \varphi_2 \cdots \varphi_n \epsilon(t) \rho(t) \left(\frac{\partial S}{\partial \epsilon} \right) + e_n(t) \end{bmatrix}$$

$$\beta(t-T) = \mathrm{diag}\{\beta_1(t-T), \beta_2(t-T), \cdots, \beta_{n-1}(t-T), \beta_n(t-T)\}$$

$$A = \begin{bmatrix} -1 & 1 & 0 & \cdots & 0 \\ 0 & -1 & 1 & \cdots & 0 \\ \vdots & \vdots & \vdots & & \vdots \\ 0 & 0 & \cdots & -1 & 1 \\ 0 & 0 & \cdots & 0 & -1 \end{bmatrix}, C = \begin{bmatrix} 1 \\ 0 \\ \vdots \\ 0 \\ 0 \end{bmatrix}^{T}$$

误差动态(6-33)的解析解为

$$r(T+t_2) = Ce^{A(t_2-t_1)}e(T+t_1) + $$
$$\int_{T+t_1}^{T+t_2} Ce^{A(T+t_2-\tau)}[\Delta f(e(\tau), x(\tau)) - d(\tau) - g(x(\tau))]\mathrm{d}\tau$$

由定理 6-1 可得 $|r(T+t_1)| > \rho(t)S(\bar{\varepsilon})$ 且 $|e_i(T+t_1)| \leqslant \delta_i (i=2,\cdots,n)$，其中 δ_i 表示估计误差的界，进而 $\|\Delta f(e(t), x(t))\| \leqslant \bar{\omega}$ 成立。应用三角不等式可得

$$|r(T+t_2)| \geqslant -ke^{-\lambda(t_2-t_1)}(\rho(t)S(\bar{\varepsilon}) + \sum_{i=2}^{n} \delta_i) - $$
$$\frac{k}{\lambda}(1-e^{-\lambda(t_2-t_1)})(\bar{\omega} + \sum_{i=1}^{n} D_i) + \|\int_{T+t_1}^{T+t_2} Ce^{A(T+t_2-\tau)}g(x(\tau))\mathrm{d}\tau\|$$

其中，正常数 k, λ 满足 $\|Ce^{At}\| \leqslant ke^{-\lambda t}$。如果故障满足式(6-32)，则直接可得 $|r(T+t_2)| > \rho(t)S(\bar{\varepsilon})$，证毕。

6.5　仿真算例

在本节中，我们将给出两个算例说明所提方法的有效性和优越性。

算例一　考虑如下三阶严反馈系统

$$\begin{cases} \dot{x}_1(t) = \tanh(x_1(t)) + x_2(t) + 0.5\sin(26t) + \beta_1(t-T)g_1(\bar{x}_1(t)) \\ \dot{x}_2(t) = \sin(x_1(t)x_2(t)) + x_3(t) + 0.1\cos(20t) + \beta_2(t-T)g_2(\bar{x}_2(t)) \\ \dot{x}_3(t) = -x_3(t) + u(t) + \cos(30t) + \beta_3(t-T)g_3(x(t)) \\ y(t) = x_1(t) \end{cases} \quad (6\text{-}34)$$

其中

$$f_1(\bar{x}_1(t)) = \tanh(x_1(t))$$
$$f_2(\bar{x}_2(t)) = \sin(x_1(t)x_2(t))$$
$$f_3(x(t)) = -x_3(t)$$
$$d_1(t) = 0.5\sin(26t)$$
$$d_2(t) = 0.1\cos(20t)$$
$$d_3(t) = \cos(30t)$$
$$g_1(\bar{x}_1(t)) = 20.5\cos(100x_1^2(t))$$

$$g_2(\bar{x}_2(t)) = 10.8\sin(20x_1(t)x_2(t)) + 2.2\sin(100x_1(t)),$$

$$g_3(x(t)) = 1.9\sin(50x_1(t)x_3(t)) + 3.1\sin(200x_1^2(t)),$$

$$\beta_i(t-T) = \begin{cases} 0, t < T \\ 1-e^{-\delta_i(t-T)}, t \geqslant T \\ i = 1,2,3 \end{cases}$$

$$\delta_1 = 0.07, \delta_2 = 0.06, \delta_3 = 0.03$$

因此

$$D_1 = 0.5, D_2 = 0.1, D_3 = 1, c_1 = c_2 = c_3 = 1$$

$$\Delta f_3(e(t); x(t)) = f_3(e(t)+x(t)) - f_3(x(t))$$
$$= -(e_3(t)+x_3(t)) + x_3(t) = -e_3(t)$$

构造 $V_1 = \dfrac{1}{2}e_3^2$，选择 $l_1 = 2$，可得

$$\varphi_1 = 2, \alpha_1 = 3, \theta_1 = 0, \mu_1 = 1, \sigma_1 = 2, \rho_3 = 5$$

残差产生器由如下的两步法实现：

第 1 步

选择 $\varepsilon_{n1} = 1.0740, \varepsilon_{n3} = 0.5294$ 满足 $\alpha_1 - \dfrac{1}{\varepsilon_{n1}} - \dfrac{1}{\varepsilon_{n3}} > 0$，设定 $\varepsilon_{n2} = 1.5, \kappa_1 = 0.18$，则

$$\frac{\varepsilon_{n1}}{4}(\mu_1\sigma_1^2 + \mu_1\rho_3 + 1)^2 + \sigma_1 + c_2 + \frac{1}{\varepsilon_{n2}} + \kappa_1 = \varphi_2$$

$$\overline{D}_2(D_3, D_2) = \frac{\varepsilon_{n2}}{4}D_2^2 + \frac{\varepsilon_{n3}}{4}\mu_1^2(\sigma_1 D_2 + D_3)^2$$

第 2 步

选择 $\varepsilon_{n4} = 10$ 满足 $\overline{\alpha}_2 - \dfrac{1}{\varepsilon_{n4}} > 0$，设定 $\varepsilon_{n5} = 1.5, \kappa_2 = 30$，则

$$\frac{\varepsilon_{n4}}{4}\frac{1}{\rho^2\left(\frac{\partial S}{\partial \varepsilon}\right)^2} + \frac{\sigma_1}{\rho\left(\frac{\partial S}{\partial \varepsilon}\right)} + \frac{1}{\varepsilon_{n5}}\frac{1}{\rho^2\left(\frac{\partial S}{\partial \varepsilon}\right)^2} + \kappa_2 = \varphi_3$$

$$\overline{D}_3(D_3, D_2, D_1) = \overline{D}_2(D_3, D_2) + \frac{\varepsilon_{n5}}{4}D_1^2$$

基于上述分析，定理 6-1 中的残差产生器确定为

$$\begin{cases} \dot{\hat{x}}_1(t) = \tanh(\hat{x}_1(t)) + \hat{x}_2(t) - (\rho(t)c_1 + |\dot{\rho}(t)|)S(\varepsilon) - \varphi_3\varepsilon(t)\rho(t)\left(\frac{\partial S}{\partial \varepsilon}\right) \\[2mm] \dot{\hat{x}}_2(t) = \sin(\hat{x}_1(t)\hat{x}_2(t)) + \hat{x}_3(t) - \varphi_2(\rho(t)c_1 + |\dot{\rho}(t)|)S(\varepsilon) - \varphi_2\varphi_3\varepsilon(t)\rho(t)\left(\frac{\partial S}{\partial \varepsilon}\right) \\[2mm] \dot{\hat{x}}_3(t) = -\hat{x}_3(t) + u(t) - \varphi_1\varphi_2(\rho(t)c_1 + |\dot{\rho}(t)|)S(\varepsilon) - \varphi_1\varphi_2\varphi_3\varepsilon(t)\rho(t)\left(\frac{\partial S}{\partial \varepsilon}\right) \\[2mm] \hat{y}(t) = \hat{x}_1(t) \\[2mm] r(t) = \hat{y}(t) - y(t) \end{cases}$$

(6-35)

同时，推论 6-1 中的残差产生器确定为

$$\dot{\hat{x}}_1(t) = \tanh(\hat{x}_1(t)) + \hat{x}_2(t) - \varphi_3{}'(\hat{y}(t) - y(t))$$
$$\dot{\hat{x}}_2(t) = \sin(\hat{x}_1(t)\hat{x}_2(t)) + \hat{x}_3(t) - \varphi_2\varphi_3{}'(\hat{y}(t) - y(t))$$
$$\dot{\hat{x}}_3(t) = -\hat{x}_3(t) + u(t) - \varphi_1\varphi_2\varphi_3{}'(\hat{y}(t) - y(t)) \qquad (6\text{-}36)$$
$$\hat{y}(t) = \hat{x}_1(t)$$
$$r(t) = \hat{y}(t) - y(t)$$

其中，$\varphi_3{}' = \dfrac{\varepsilon_{n4}}{4} + c_1 + \sigma_1 + \dfrac{1}{\varepsilon_{n5}} + \kappa_2$。

设定初始条件为：$x_1(0) = 0.5, x_2(0) = 0.2, x_3(0) = 0.5, \hat{x}_1(0) = 0.1, \hat{x}_2(0) = 0.5,$ $\hat{x}_3(0) = 0.2$，描述性能函数选为 $\rho(t) = (4.1 - 0.175)\mathrm{e}^{-5t} + 0.175$，系统输入为 $20\sin(5t)$。

计算 $\bar{\varepsilon} = \sqrt{\dfrac{D_3}{\kappa_2}}$，进而可确定时变阈值 $-\rho(t)S(\bar{\varepsilon})$ 和 $\rho(t)S(\bar{\varepsilon})$。其仿真结果如图 6-1 和图 6-2 所示。图 6-1 给出了基于描述性能的残差信号的轨迹、上界时变阈值 $\rho(t)S(\bar{\varepsilon})$ 和下界时变阈值 $-\rho(t)S(\bar{\varepsilon})$。由图 6-1 可以看出，在 $T > 2$ s 时，残差信号大于上界阈值 $\rho(t)S(\bar{\varepsilon})$，成功地将故障检测出来。

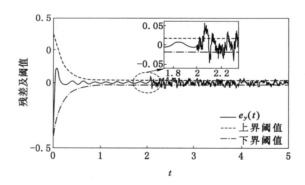

图 6-1　考虑了描述性能界的残差信号和阈值

为了表明所提方法的优势，图 6-2 给出了由推论 6-1 得到的残差信号和常数阈值。推论 6-1 中得到的残差信号和常数阈值 $\sqrt{\dfrac{D_3}{\kappa_2}}$ 及 $-\sqrt{\dfrac{D_3}{\kappa_2}}$ 不能检测故障，并且在故障发生前的暂态过程，会因为超调量引起误报。与图 6-2 相比，图 6-1 中的时变阈值避免了暂态过程中由超调量引起的误报。

算例二　本算例考虑如下由永磁有刷直流电动机驱动的单连杆机械手动力学方程

$$M\ddot{q} + B\dot{q} + N\sin(q) = I$$

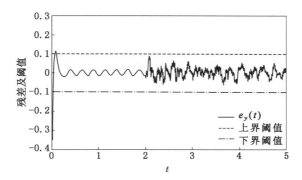

图 6-2 不考虑描述性能界的残差信号和阈值

$$L\dot{I} = V_0 - RI - K_B\dot{q}$$

其中，$M = \dfrac{J}{K_\tau} + \dfrac{mL_0^2}{3K_\tau} + \dfrac{M_0L_0^2}{K_\tau} + \dfrac{2M_0R_0^2}{5K_\tau}$，$N = \dfrac{mL_0G}{2K_\tau} + \dfrac{M_0L_0G}{K_\tau}$，$B = \dfrac{B_0}{K_\tau}$，$J$ 为转动惯量，m 为连杆质量，M_0 为负载质量，L_0 为连杆长度，R_0 为负载半径，G 为重力系数，B_0 为摩擦系数，$q(t)$ 为电动机角位置（负载位置），$I(t)$ 为电动机电枢电流，K_τ 为电枢电流转矩的转化系数，L 为电枢电感，R 为电枢电阻，K_B 为反电势系数，V_0 为输入电压。所有参数取值与文献 [198] 中的相同，这里不再赘述。

引入变量代换 $x_1 = q$，$x_2 = \dot{q}$，$x_3 = I$，$u = V_0$，可得如下受扰动和故障影响的动态

$$\dot{x}_1(t) = x_2(t) + \cos(0.5t) + 12\cos(0.02x_1(t))\beta_1(t - T)$$

$$\dot{x}_2(t) = -\frac{N}{M}\sin(x_1(t)) - \frac{B}{M}x_2(t) + \frac{1}{M}x_3(t) +$$

$$0.2\sin(0.8t) + 8\cos(0.2x_1(t)x_2(t))\beta_2(t - T)$$

$$\dot{x}_3(t) = -\frac{K_B}{L}x_2(t) - \frac{R}{L}x_3(t) + \frac{1}{L}u(t) + 0.3\sin(t) +$$

$$9\sin(0.5x_2(t)x_3(t))\beta_3(t - T)$$

$$y(t) = x_1(t)$$

$$\beta_i(t - T) = \begin{cases} 0, & t < 2 \\ 1 - \mathrm{e}^{-\delta_i(t-2)}, & t \geqslant 2 \end{cases}$$

其中，$i = 1, 2, 3$；$\delta_1 = 0.07$；$\delta_2 = 0.06$；$\delta_3 = 0.03$。

设计定理 6-1 和推论 6-1 中的残差产生器，得到仿真结果如图 6-3 和图 6-4 所示。由图 6-4 可以看出，由推论 6-1 得到的残差信号和常数阈值不能检测故障，并且在暂态过程会误报。与图 6-4 相比，图 6-3 中的时变阈值既能检测故障，又能避免由超调量引起的误报。

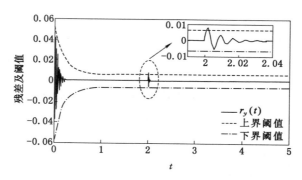

图 6-3　考虑了描述性能界的残差信号和阈值

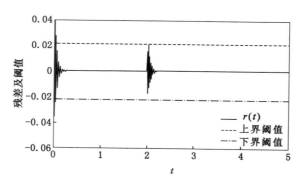

图 6-4　不考虑描述性能界的残差信号和阈值

6.6　本章小结

本章研究了一类带有不匹配非线性故障函数和不可测状态的非线性系统故障检测问题。区别于第 2～5 章基于区间观测器的方法，本章中提出的广义区间观测器是采用递归方法构造的，上、下界时变阈值是基于描述性能函数设计的。最后，通过仿真结果验证了本章方法的有效性。

7 结论与展望

7.1 主要研究结论

自 1971 年 Beard 提出故障检测的概念以来,故障检测与隔离技术作为提高系统安全性和可靠性的重要手段日益引起人们的重视。近几十年来涌现了大量研究成果,特别是基于状态估计的故障检测与隔离方法迅猛发展,该方法的主要任务是产生残差以及计算残差评价函数和阈值。因此,观测器作为一种有效的残差产生器备受瞩目。此外,针对复杂系统的故障检测与隔离阈值的设计也成了研究热点。所幸的是,区间观测器的发展为故障检测与隔离提供了一种简洁、直观并且有优势的方法。以区间观测器所产生的残差区间和零值之间的关系作为故障检测与隔离决策的依据,使得基于区间观测器的方法在不需要设计残差评价函数和阈值的情况下就足以达到检测与隔离的目的。但是,目前针对区间观测器的理论研究正处于起步阶段,基于区间观测器的故障检测与隔离方法尚不成熟。本书在已有研究的基础上,主要针对线性系统基于事件触发机制的故障检测问题,T-S 模糊大系统以及多智能体系统的故障隔离问题,线性参数变化系统以及一类严反馈非线性系统的故障检测问题展开了深入的研究。本书主要贡献具体总结如下:

(1)考虑到现有的故障检测成果大多采用有利于系统建模和分析的周期采样及传输机制,但是忽略了通信负担问题。书中讨论了事件触发机制对故障检测性能的影响。在保证故障检测性能的同时,降低了通信负担。书中构造了新颖的事件误差,并将扰动以及事件误差相关的项考虑到区间观测器设计中。使得区间观测器不但满足事件触发条件,又不失区间特性。随后,通过引入松弛变量给出了基于 LMI 技术的观测器设计方法。与现有的区间观测器的结果和基于区间观测器的故障检测结果相比,本书的设计方法不需要对 Lyapunov 矩阵做任何结构限制,从而降低了保守性。

(2)提出了线性参数变化系统基于区间观测器的故障检测方法。为了充分利用系统信息,在参数可测的情况下,设计了参数依赖的区间观测器。通过引入参数依赖的松弛变量,使得系统矩阵和 Lyapunov 矩阵解耦,而在不需要对 Lyapunov 矩阵做任何结构限制的同时,针对多个性能指标应用了多个参数依赖的 Lyapunov 函数。与现有的参数不依赖的结果相比,本书提出的方法保守性更小。

(3) 研究了带有未知互联项的模糊大系统的故障隔离问题。与单系统不同,在构造区间观测器时,不但要考虑每个子系统自身扰动的影响,还要考虑互联项带来的其他子系统故障和扰动的影响。通过引入 l_1 和 H_∞ 性能指标,使得每个子系统的残差区间对自身扰动和互联项鲁棒性增强,并且对自身故障敏感性提高。应用分段 Lyapunov 函数和松弛变量给出了基于 LMI 技术的分段观测器设计方法,所提方法比基于共同及对角 Lyapunov 函数方法的保守性更小。

(4) 与互联大系统不同,由于各个智能体之间通信的存在,使得多智能体系统的故障隔离问题尤为复杂。书中考虑了通信作用,对闭环多智能体系统设计了故障隔离策略。针对每个智能体,将扰动和故障的上下界作为观测器的输入项,设计了基于邻居相关输出的区间观测器,使得每个智能体故障都能被其邻居隔离出来。观测器可以通过同时求解一系列扰动抑制、故障敏感和非负性 LMI 条件而得到,而故障隔离决策策略是判断零值是否在某一残差区间内且在其他区间之外。

(5) 针对一类具有不可测状态和不匹配非线性故障函数的不确定非线性严反馈系统,研究其故障检测问题。与基于 LMI 技术设计的区间观测器不同,针对这类非线性系统,利用递归算法,设计了基于描述性能的广义区间观测器。通过引入描述性能函数和问题转换之后,在每一步将观测器中的待定函数设计成两部分,一部分用于抵消交叉项,另一部分利用误差完成校正。由此得到的残差信号在无故障的情况下满足描述性能;同时,由描述性能界构成的残差区间可以直接用于故障决策。与没有考虑描述性能的故障检测方法相比,所提方法能够减小暂态过程由于超调量引起的误报。

7.2　研究展望

尽管本书针对线性系统、线性参数变化系统、T-S 模糊互联系统、多智能体系统以及一类严反馈非线性系统研究了基于区间观测器的故障检测与隔离问题,并给出了更为宽松、有效的设计条件,但是本书还有很多需要完善之处。在今后的研究中,学者们可以尝试从以下几个方面展开研究:

(1) 带有测量误差的模糊系统故障检测与隔离问题

本书在研究不同类型的系统时没有考虑测量误差的影响,但受到已有文献的启发,基于 LMI 框架下的区间观测器的结果均可以推广到处理幅值有界测量误差上。但是,第 5 章针对 T-S 模糊系统的研究例外,在现有框架下,考虑测量误差后没办法构造具有区间特性的观测器。因此,针对 T-S 模糊系统,如何考虑测量误差带来的系统与观测器的区域不匹配以及如何构造区间观测器有待进一步研究。

（2）带有输出量化系统的故障检测与隔离问题

在经典的观测器设计与故障诊断理论研究中，通常假设系统的输出能够直接传送到观测器端，这种方式难免会存在浪费通信和计算资源的弊端。因此，在数字化、网络化和智能化的现代故障检测系统中，信息量化是不可或缺的一个环节。如何针对带有输出量化系统设计基于区间观测器的故障检测与隔离机制，这是一个值得学者们研究的问题。

（3）基于数据的故障检测与隔离问题

本书所提的基于区间观测器的故障检测与隔离方法是基于模型的方法，也就是在模型已知的情况下设计的策略。然而，一些现代大型复杂化工业过程无法依靠传统方法建立精确的物理模型；同时，这类系统会产生大量反应过程运行机理和运行状态的数据。因此，如何利用这些数据来提高系统可靠性成为了亟待解决的问题。如何将本书中的区间思想与基于数据的检测与隔离方法相融合，这是学者们下一步重点研究的内容。

（4）基于区间观测器的容错控制问题

在实际工程系统设计过程中，如何及时将故障检测与隔离出来，不仅需要保证系统的稳定，还要使闭环系统具有较理想的性能。针对线性系统及非线性系统，如何设计基于区间观测器故障诊断信息的容错控制器是值得学者们考虑的课题。

参 考 文 献

[1] BEARD R V. Failure accommodation in linear systems through selfreorganization[D]. Cambridge: Massachusetts Institute of Technology,1971.

[2] WU F. A generalized LPV system analysis and control synthesis framework[J]. International journal of control,2001,74(7):745-759.

[3] QIAO D, WANG Y Q. Fault-tolerant control for linear parameter varying systems with integral measurements based on event-triggered mechanism[J]. Journal of the franklin institute,2021,358(16): 8250-8269.

[4] PEREIRA R L,DE OLIVEIRA M S. On robust stabilization of discrete-time LPV/LFR systems[J]. IEEE transactions on automatic control,2023,68(1):448-453.

[5] ROTONDO D, PONSART J C, THEILLIOL D. Gain-scheduled observer-based consensus for linear parameter varying multi-agent systems[J]. Automatica,2022,135:109979.

[6] MOHAMMADPOUR J,SCHERER C W. Control of linear parameter varying systems with applications [M]. New York:Springer Science & Business Media,2012.

[7] SHAMMA J S. Analysis and design of gain scheduled control systems[D]. Cambridge:Massachusetts Institute of Technology,1988.

[8] COSTA C A,NIED A,NOGUEIRA F G,et al. Robust linear parameter varying scalar control applied in high performance induction motor drives[J]. IEEE transactions on industrial electronics,2021,68(11): 10558-10568.

[9] MARCOS A,BALAS G J. Development of linear-parameter-varying models for aircraft[J]. Journal of guidance control and dynamics,2004,27(2):218-228.

[10] SNYDER S,ZHAO P,HOVAKIMYAN N. Adaptive control for linear parameter-varying systems with application to a VTOL aircraft[J]. Aerospace science and technology,2021,112:106621.

[11] HASHEMI S M,ABBAS H S,WERNER H. Low-complexity linear parameter-varying modeling and control of a robotic manipulator[J]. Control engineering practice,2012,20(3):248-257.

[12] YU Z W,CHEN H T,WOO P Y. Gain scheduled LPV H_∞ control based on LMI approach for a robotic manipulator[J]. Journal of field robotics,2002,19(12):585-593.

[13] RESMA MADHU P K,JAYALALITHA S. Iterative quality weighted interpolation for LPV-MPC control of industrial heat exchanger under varying fouling conditions[J]. Asia-Pacific journal of chemical engineering,2022,17(5):1-20.

[14] TAKAGI T,SUGENO M. Fuzzy identification of systems and its applications to modeling and control [J]. IEEE transactions on systems,man and cybernetics,1985,SMC-15(1):116-132.

[15] FANTUZZI C,ROVATTI R. On the approximation capabilities of the homogeneous Takagi-Sugeno model[C]//Proceedings of the 5th IEEE International Conference on Fuzzy Systems,New Orleans, LA,1996:1067-1072.

[16] GUAN X P,CHEN C L. Delay-dependent guaranteed cost control for TS fuzzy systems with time delays[J]. IEEE transactions on fuzzy systems,2004,12(2):236-249.

[17] TSENG C S,CHEN B S,UANG H J. Fuzzy tracking control design for nonlinear dynamic systems via TS fuzzy model[J]. IEEE transactions on fuzzy systems,2001,9(3):381-392.

[18] OUHIB L,KARA R. Proportional observer design based on D-stability and Finsler's lemma for Takagi-Sugeno systems[J]. Fuzzy sets and systems,2023,452:61-90.

[19] WANG L K,LAM H K. H_∞ control for continuous-time Takagi-Sugeno fuzzy model by applying generalized Lyapunov function and introducing outer variables[J]. Automatica,2021,125:109409.

[20] NGUANG S K,SHI P. H_∞ fuzzy output feedback control design for nonlinear systems:an LMI approach[J]. IEEE transactions on fuzzy systems,2003,11(3):331-340.

[21] ZHANG T,GE S S,HANG C C. Adaptive neural network control for strict-feedback nonlinear systems using backstepping design[J]. Automatica,2000,36(12):1835-1846.

[22] ZHOU J,WEN C Y,ZHANG Y. Adaptive backstepping control of a class of uncertain nonlinear systems with unknown backlash-like hysteresis[J]. IEEE transactions on automatic control,2004, 49(10):1751-1759.

[23] TONG S C,HE X L,ZHANG H G. A combined backstepping and small-gain approach to robust adaptive fuzzy output feedback control[J]. IEEE transactions on fuzzy systems,2009,17(5): 1059-1069.

[24] YANG Y S,FENG G,REN J S. A combined backstepping and small-gain approach to robust adaptive fuzzy control for strict-feedback nonlinear systems[J]. IEEE transactions on systems,man,and cybernetics-part A:systems and humans,2004,34(3):406-420.

[25] ZHENG K M,ZHANG Q J,HU Y M,et al. Design of fuzzy system-fuzzy neural network-backstepping control for complex robot system[J]. Information sciences,2021,546:1230-1255.

[26] ALANIS A Y,SANCHEZ E N,LOUKIANOV A G. Real-time discrete backstepping neural control for induction motors[J]. IEEE transactions on control systems technology,2011,19(2):359-366.

[27] MADANI T,BENALLEGUE A. Backstepping control for a quadrotor helicopter[C]//IEEE International Conference on Intelligent Robots and Systems,2006:3255-3260.

[28] FRAZZOLI E,DAHLEH M A,FERON E. Trajectory tracking control design for autonomous helicopters using a backstepping algorithm[C]//Proceedings of the 2000 American Control Conference,2000:4102-4107.

[29] MOSSA M A,ECHEIKH H. A novel fault tolerant control approach based on backstepping controller for a five phase induction motor drive:experimental investigation[J]. ISA transactions,2021,112:373-385.

［30］ ZHOU J, WANG Y. Adaptive backstepping speed controller design for a permanent magnet synchronous motor[J]. IEE proceedings-electric power applications,2002,149(2):165-172.

［31］ ZHANG X B, WANG R H, FANG Y C, et al. Acceleration-level pseudo-dynamic visual servoing of mobile robots with backstepping and dynamic surface control[J]. IEEE transactions on systems,man, and cybernetics:systems,2019,49(10):2071-2081.

［32］ BAIGZADEHNOE B,RAHMANI Z,KHOSRAVI A,et al. On position/force tracking control problem of cooperative robot manipulators using adaptive fuzzy backstepping approach[J]. ISA transactions, 2017,70:432-446.

［33］ JAVIDSHARIFI M, ARABANI H P, KEREKES T, et al. Stochastic optimal strategy for power management in interconnected multi-microgrid systems[J]. Electronics,2022,11(9):1-22.

［34］ GUO Y,HILL D J,WANG Y Y. Nonlinear decentralized control of large-scale power systems[J]. Automatica,2000,36(9):1275-1289.

［35］ HUANG R,ZHANG J H,LIN Z W. Decentralized adaptive controller design for large-scale power systems[J]. Automatica,2017,79:93-100.

［36］ TAN K K,HUANG S N,LEE T H. Decentralized adaptive controller design of large-scale uncertain robotic systems[J]. Automatica,2009,45(1):161-166.

［37］ KOO G B, PARK J B, JOO Y H. Decentralized fuzzy observer-based output-feedback control for nonlinear large-scale systems:an LMI approach[J]. IEEE transactions on fuzzy systems,2014,22(2): 406-419.

［38］ HUA C C,DING S X. Decentralized networked control system design using T-S fuzzy approach[J]. IEEE transactions on fuzzy systems,2012,20(1):9-21.

［39］ YOO S J,PARK J B. Decentralized adaptive output-feedback control for a class of nonlinear large-scale systems with unknown time-varying delayed interactions[J]. Information sciences, 2012, 186(1): 222-238.

［40］ DESHMUKH A, GHOSH A. Decentralized periodic control of interconnected systems with fixed modes[J]. Automatica,2022,138:110038.

［41］ LI X J, YANG G H. Adaptive decentralized control for a class of interconnected nonlinear systems via backstepping approach and graph theory[J]. Automatica,2017,76:87-95.

［42］ ZECEVIC A I, SILJAK D D. Global low-rank enhancement of decentralized control for large-scale systems[J]. IEEE transactions on automatic control,2005,50(5):740-744.

［43］ ZHANG Z R, WEN C Y, ZHAO K, et al. Decentralized adaptive control of uncertain interconnected systems with triggering state signals[J]. Automatica,2022,141:110283.

［44］ LIANG X, QI Q Y, ZHANG H S, et al. Decentralized control for networked control systems with asymmetric information[J]. IEEE transactions on automatic control,2022,67(4):2076-2083.

［45］ WEISS G. Multiagent systems:a modern approach to distributed artificial intelligence[M]. London: MIT press,1999.

［46］ WOOLDRIDGE M. An introduction to multiagent systems[M]. Chichester:John Wiley & Sons,2009.

［47］ MOREAU L. Stability of multiagent systems with time-dependent communication links[J]. IEEE transactions on automatic control,2005,50(2):169-182.

[48] OLFATI-SABER R,MURRAY R M. Consensus problems in networks of agents with switching topology and time-delays[J]. IEEE transactions on automatic control,2004,49(9):1520-1533.

[49] REN W,BEARD R W. Consensus seeking in multiagent systems under dynamically changing interaction topologies[J]. IEEE transactions on automatic control,2005,50(5):655-661.

[50] HONG Y G,HU J P,GAO L X. Tracking control for multi-agent consensus with an active leader and variable topology[J]. Automatica,2006,42(7):1177-1182.

[51] YU W W,CHEN G R,CAO M. Some necessary and sufficient conditions for second-order consensus in multi-agent dynamical systems[J]. Automatica,2010,46(6):1089-1095.

[52] DING S X. Model-based fault diagnosis techniques:design schemes,algorithms,and tools[M]. Berlin:Springer Science & Business Media,2008.

[53] VENKATASUBRAMANIAN V,RENGASWAMY R,YIN K,KAVURI S N. A review of process fault detection and diagnosis Part I:quantitative model-based methods[J]. Computer and chemical engineering,2003,27(3):293-311.

[54] 周东华,叶银忠. 现代故障诊断与容错控制[M]. 北京:清华大学出版社,2000.

[55] CHEN J,PATTON R J. Robust model-based fault diagnosis for dynamic systems[M]. Berlin:Springer Science & Business Media,2012.

[56] ISERMANN R. Fault-diagnosis systems:an introduction from fault detection to fault tolerance[M]. Berlin:Springer Science & Business Media,2006.

[57] ISERMANN R. Process fault detection based on modelling and estimation methods:a survey[J]. Automatica,1984,20(4):387-404.

[58] GERTLER J. Fault detection and isolation using parity relations[J]. Control engineering practice,1997,5(5):653-661.

[59] DING S X,GUO L,JEINSCH T. A characterization of parity space and its application to robust fault detection[J]. IEEE transactions on automatic control,1999,44(2):337-343.

[60] PATTON R J,CHEN J. Observer-based fault detection and isolation:robustness and applications[J]. Control engineering practice,1997,5(5):671-682.

[61] FRANK P M,DING S X. Survey of robust residual generation and evaluation methods in observer-based fault detection systems[J]. Journal of process control,1997,7(6):403-424.

[62] WATANABE K,HIMMELBLAU D M. Instrument fault detection in systems with uncertainties[J]. International journal of systems science,1982,13(2):137-158.

[63] AZARBANI A,FAKHARIAN A,MENHAJ M B. On the design of an unknown input observer to fault detection,isolation,and estimation for uncertain multi-delay nonlinear system[J]. Journal of process control,2023,128:103018.

[64] LIANG D G,YANG Y,LI R C,et al. Finite-frequency H_-/H_∞ unknown input observer-based distributed fault detection for multi-agent systems[J]. Journal of the franklin institute,2021,358(6):3258-3275.

[65] BALDI P,BLANKE M,CASTALDI P,et al. Fault diagnosis for satellite sensors and actuators using

nonlinear geometric approach and adaptive observers[J]. Journal of process control,2019,29(16): 5429-5455.

[66] ZHANG Q. Adaptive observer for multiple-input-multiple-output（MIMO）linear time-varying systems[J]. IEEE transactions on automatic control,2002,47(3):525-529.

[67] JIANG B,WANG J L,SOH Y C. An adaptive technique for robust diagnosis of faults with independent effects on system outputs[J]. International journal of control,2002,75(11):792-802.

[68] NOBREGA E G,ABDALLA M O,GRIGORIADIS K M. LMI-based filter design for fault detection and isolation［C］//Proceedings of the 39th IEEE Conference on Decision and Control,2000: 4329-4334.

[69] ZHONG M Y,DING S X,LAM J,et al. An LMI approach to design robust fault detection filter for uncertain LTI systems[J]. Automatica,2003,39(3):543-550.

[70] FRISK E,NIELSEN L. Robust residual generation for diagnosis including a reference model for residual behavior[J]. Automatica,2006,42(3):437-445.

[71] FRANK M P,DING X S,KOPPEN-SELIGER B. Current developments in the theory of FDI[J]. IFAC proceedings volumes,2000,33(11):17-28.

[72] DING S X,JEINSCH T,FRANK P M,et al. A unified approach to the optimization of fault detection systems[J]. International journal of adaptive control and signal processing,2000,14(7):725-745.

[73] LIU J,WANG J L,YANG G H. An LMI approach to minimum sensitivity analysis with application to fault detection[J]. Automatica,2005,41(11):1995-2004.

[74] WANG J L,YANG G H,LIU J. An LMI approach to H_- index and mixed H_-/H_∞ fault detection observer design[J]. Automatica,2007,43(9):1656-1665.

[75] HENRY D,ZOLGHADRI A. Design and analysis of robust residual generators for system under feedback control[J]. Automatica,2005,41(2):251-264.

[76] WANG H,YANG G H. A finite frequency domain approach to fault detection for linear discrete-time systems[J]. International journal of control,2008,81(7):1162-1171.

[77] WANG H,YANG G H. Fault detection for linear uncertain systems with sensor faults[J]. IET control theory & applications,2010,4(6):923-935.

[78] LI X J,YANG G H. Fault detection in finite frequency domain for Takagi-Sugeno fuzzy systems with sensor faults[J]. IEEE transactions on cybernetics,2014,44(8):1446-1458.

[79] LI X J,YANG G H. Fault detection for T-S fuzzy systems with unknown membership functions[J]. IEEE transactions on fuzzy systems,2014,22(1):139-152.

[80] LI X B,ZHOU K M. A time domain approach to robust fault detection of linear time-varying systems ［J］. Automatica,2009,45(1):94-102.

[81] YANG G H,WANG H M. Fault detection and isolation for a class of uncertain state-feedback fuzzy control systems[J]. IEEE transactions on fuzzy systems,2015,23(1):139-151.

[82] WANG H M,YE D,YANG G H. Actuator fault diagnosis for uncertain T-S fuzzy systems with local nonlinear models[J]. Nonlinear dynamics,2014,76(4):1977-1988.

[83] ZHONG G X,YANG G H. Fault detection for uncertain switched systems with time-varying delays

［J］. Journal of the franklin institute,2015,352(4):1455-1475.

［84］ SHI Z,GU F,LENNOX B,et al. The development of an adaptive threshold for model-based fault detection of a nonlinear electro-hydraulic system［J］. Control engineering practice,2005,13(11): 1357-1367.

［85］ SAIJAI J,DING S X,ABDO A,et al. Threshold computation for fault detection in linear discrete-time Markov jump systems［J］. International journal of adaptive control and signal processing,2014, 28(11):1106-1127.

［86］ JOHANSSON A,BASK M,NORLANDER T. Dynamic threshold generators for robust fault detection in linear systems with parameter uncertainty［J］. Automatica,2006,42(7):1095-1106.

［87］ KHAN A Q,DING S X. Threshold computation for fault detection in a class of discrete-time nonlinear systems［J］. International journal of adaptive control and signal processing,2011,25(5):407-429.

［88］ LUENBERGER D G. Observing the state of a linear system［J］. IEEE transactions on military electronics,1964,8(1):74-80.

［89］ GOUZE J L,RAPAPORT A,HADJ SADOK M Z. Interval observers for uncertain biological systems ［J］. Ecological modelling,2000,133(1):45-56.

［90］ MAZENC F,DINH T N,NICULESCU S I. Interval observers for discrete-time systems［J］. International journal of robust and nonlinear control,2014,24(17):2867-2890.

［91］ MAZENC F,BERNARD O. Interval observers for linear time-invariant systems with disturbances［J］. Automatica,2011,47(1):140-147.

［92］ MAZENC F,BERNARD O. Asymptotically stable interval observers for planar systems with complex poles［J］. IEEE transactions on automatic control,2010,55(2):523-527.

［93］ EFIMOV D,PERRUQUETTI W,RAISSI T,et al. On interval observer design for time-invariant discrete-time systems［C］//Proceedings of the 2013 European Control Conference,2013:2651-2656.

［94］ EFIMOV D,PERRUQUETTI W,RAISSI T,et al. Interval observers for time-varying discrete-time systems［J］. IEEE transactions on automatic control,2013,58(12):3218-3224.

［95］ CHEBOTAREV S,EFIMOV D,RAISSI T,et al. Interval observers for continuous-time LPV systems with L_1/L_2 performance［J］. Automatica,2015,58:82-89.

［96］ ZHENG G,EFIMOV D,PERRUQUETTI W. Design of interval observer for a class of uncertain unobservable nonlinear systems［J］. Automatica,2016,63:167-174.

［97］ CAI X S,LV G Y,ZHANG W. Stabilisation for a class of non-linear uncertain systems based on interval observers［J］. IET control theory & applications,2012,6(13):2057-2062.

［98］ HE Z W,XIE W. Control of non-linear switched systems with average dwell time:interval observer-based framework［J］. IET control theory & applications,2016,10(1):10-16.

［99］ DING L,HAN Q L,GE X H,et al. An overview of recent advances in event-triggered consensus of multiagent systems［J］. IEEE transactions on cybernetics,2018,48(4):1110-1123.

［100］ SUN J K,YANG J,ZHENG W X,et al. Periodic event-triggered control for a class of nonminimum-phase nonlinear systems using dynamic triggering mechanism［J］. IEEE transactions on circuits and systems I:regular papers,2022,69(3):1302-1311.

[101] YU H,HAO F,CHEN T W. A uniform analysis on input-to-state stability of decentralized event-triggered control systems[J]. IEEE transactions on automatic control,2019,64(8):3423-3430.

[102] BATMANI Y, NAJAFI S. An improved design of event-triggered feedback controllers for linear systems based on fast and slow dynamics[J]. IEEE transactions on industrial informatics,2022,18(11):7741-7748.

[103] GU Z,AHN C K,YAN S,et al. Event-triggered filter design based on average measurement output for networked unmanned surface vehicles[J]. IEEE transactions on circuits and systems II:express briefs,2022,69(9):3804-3808.

[104] BASIT A,TUFAIL M,REHAN M. Event-triggered distributed state estimation under unknown parameters and sensor saturations over wireless sensor networks[J]. IEEE transactions on circuits and systems II:express briefs,2022,69(3):1772-1776.

[105] WANG F,WANG Z D,LIANG J L,et al. Event-triggered recursive filtering for shift-varying linear repetitive processes[J]. IEEE transactions on cybernetics,2020,50(4):1761-1770.

[106] LIU J L,LIU Q H,CAO J,et al. Adaptive event-triggered H_∞ filtering for T-S fuzzy system with time delay[J]. Neurocomputing,2016,189:86-94.

[107] LI Q,SHEN B,LIU Y R,et al. Event-triggered H_∞ state estimation for discrete-time stochastic genetic regulatory networks with Markovian jumping parameters and time-varying delays[J]. Neurocomputing,2016,174:912-920.

[108] MENG X Y,CHEN T W. Event triggered robust filter design for discrete-time systems[J]. IET control theory & applications,2014,8(2):104-113.

[109] ZHANG X M,HAN Q L. Event-based H_∞ filtering for sampled-data systems[J]. Automatica,2015,51:55-69.

[110] WANG Y L,SHI P,LIM C C,et al. Event-triggered fault detection filter design for a continuous-time networked control system[J]. IEEE transactions on cybernetics,2016,46(12):3414-3426.

[111] LIU J L,YUE D. Event-based fault detection for networked systems with communication delay and nonlinear perturbation[J]. Journal of the franklin institute,2013,350(9):2791-2807.

[112] LI S B,SAUTER D,XU B G. Fault isolation filter for networked control system with event-triggered sampling scheme[J]. Sensors,2011,11(1):557-572.

[113] HAJSHIRMOHAMADI S,DAVOODI M,MESKIN N,et al. Event-triggered fault detection and isolation for discrete-time linear systems[J]. IET control theory & applications,2016,10(5):526-533.

[114] LI H Y,CHEN Z R,WU L G,et al. Event-triggered fault detection of nonlinear networked systems[J]. IEEE transactions on cybernetics,2017,47(4):1041-1052.

[115] GRENAILLE S,HENRY D,ZOLGHADRI A. A method for designing fault diagnosis filters for LPV polytopic systems[J]. Journal of control science and engineering,2008,2008:1.

[116] HENRY D. Structured fault detection filters for LPV systems modeled in an LFR manner[J]. International journal of adaptive control and signal processing,2012,26(3):190-207.

[117] HAMDI H, RODRIGUES M, MECHMECHE C, et al. Fault detection and isolation in linear

parameter-varying descriptor systems via proportional integral observer[J]. International journal of adaptive control and signal processing,2012,26(3):224-240.

[118] WEI X K,VERHAEGEN M. LMI solutions to the mixed H_-/H_∞ fault detection observer design for linear parameter-varying systems[J]. International journal of adaptive control and signal processing, 2011,25(2):114-136.

[119] WANG H,YANG G H. Integrated fault detection and control for LPV systems[J]. International journal of robust and nonlinear control,2009,19(3):341-363.

[120] RODRIGUES M,SAHNOUN M,THEILLIOL D,et al. Sensor fault detection and isolation filter for polytopic LPV systems:a winding machine application[J]. Journal of process control,2013,23(6): 805-816.

[121] NGUANG S K,SHI P,DING S X. Fault detection for uncertain fuzzy systems:an LMI approach[J]. IEEE transactions on fuzzy systems,2007,15(6):1251-1262.

[122] FENG G. Stability analysis of discrete-time fuzzy dynamic systems based on piecewise Lyapunov functions[J]. IEEE transactions on fuzzy systems,2004,12(1):22-28.

[123] FENG G,CHEN M,SUN D,et al. Approaches to robust filtering design of discrete time fuzzy dynamic systems[J]. IEEE transactions on fuzzy systems,2008,16(2):331-340.

[124] LI L L,DING S X,QIU J B,et al. Real-time fault detection approach for nonlinear systems and its asynchronous T-S fuzzy observer-based implementation[J]. IEEE transactions on cybernetics,2017, 47(2):283-294.

[125] LI L L,DING S X,QIU J B,et al. Weighted fuzzy observer-based fault detection approach for discrete-time nonlinear systems via piecewise-fuzzy Lyapunov functions[J]. IEEE transactions on fuzzy systems,2016,24(6):1320-1333.

[126] GUO H F,QIU J B,TIAN H,et al. Fault detection of discrete-time T-S fuzzy affine systems based on piecewise Lyapunov functions[J]. Journal of the franklin institute,2014,351(7):3633-3650.

[127] WANG H,YANG G H,YE D. Fault detection and isolation for affine fuzzy systems with sensor faults[J]. IEEE transactions on fuzzy systems,2016,24(5):1058-1071.

[128] KELIRIS C,POLYCARPOU M M,PARISINI T. A distributed fault detection filtering approach for a class of interconnected continuous-time nonlinear systems [J]. IEEE transactions on automatic control,2013,58(8):2032-2047.

[129] KELIRIS C,POLYCARPOU M M,PARISINI T. A robust nonlinear observer-based approach for distributed fault detection of input-output interconnected systems[J]. Automatica,2015,53:408-415.

[130] BOEM F,FERRARI R M G,PARISINI T,et al. Distributed fault diagnosis for continuous-time nonlinear systems:the input-output case[J]. Annual reviews in control,2013,37(1):163-169.

[131] DAVOODI M R,KHORASANI K,TALEBI H A,et al. Distributed fault detection and isolation filter design for a network of heterogeneous multiagent systems[J]. IEEE transactions on control systems technology,2014,22(3):1061-1069.

[132] CHADLI M,DAVOODI M,MESKIN N. Distributed state estimation,fault detection and isolation filter design for heterogeneous multi-agent linear parameter-varying systems[J]. IET control theory

& applications,2016,11(2):254-262.

[133] SHAMES I,TEIXEIRA A M H,SANDBERG H,et al. Distributed fault detection for interconnected second-order systems[J]. Automatica,2011,47(12):2757-2764.

[134] SHI J T,HE X,WANG Z D,et al. Distributed fault detection for a class of second-order multi-agent systems:an optimal robust observer approach[J]. IET control theory & applications,2014,8(12): 1032-1044.

[135] LIU X H,GAO X W,HAN J. Observer-based fault detection for high-order nonlinear multi-agent systems[J]. Journal of the franklin institute,2016,353(1):72-94.

[136] ARRICHIELLO F, MARINO A, PIERRI F. Observer-based decentralized fault detection and isolation strategy for networked multirobot systems[J]. IEEE transactions on control systems technology,2015,23(4):1465-1476.

[137] MHASKAR P, MCFALL C, GANI A, et al. Isolation and handling of actuator faults in nonlinear systems[J]. Automatica,2008,44(1):53-62.

[138] DU M,MHASKAR P. Isolation and handling of sensor faults in nonlinear systems[J]. Automatica, 2014,50(4):1066-1074.

[139] MA H J,YANG G H. Detection and adaptive accommodation for actuator faults of a class of nonlinear systems[J]. IET control theory & applications,2012,6(14):2292-2307.

[140] ZHANG X D,POLYCARPOU M M,PARISINI T. Fault diagnosis of a class of nonlinear uncertain systems with Lipschitz nonlinearities using adaptive estimation[J]. Automatica, 2010, 46 (2): 290-299.

[141] ZHANG X D,PARISINI T,POLYCARPOU M M. Sensor bias fault isolation in a class of nonlinear systems[J]. IEEE transactions on automatic control,2005,50(3):370-376.

[142] FERRARI R M G,PARISINI T,POLYCARPOU M M. A fault detection and isolation scheme for nonlinear uncertain discrete-time sytems[C]//The 46th IEEE Conference on Decision and Control, 2007:1009-1014.

[143] ZHANG X D,POLYCARPOU M M,PARISINI T. A robust detection and isolation scheme for abrupt and incipient faults in nonlinear systems[J]. IEEE transactions on automatic control,2002, 47(4):576-593.

[144] MESEGUER J,PUIG V,ESCOBET T. Fault diagnosis using a timed discrete-event approach based on interval observers:application to sewer networks[J]. IEEE transactions on systems,man,and cybernetics-Part A:systems and humans,2010,40(5):900-916.

[145] TORNIL-SIN S, OCAMPO-MARTINEZ C, PUIG V, et al. Robust fault diagnosis of nonlinear systems using interval constraint satisfaction and analytical redundancy relations [J]. IEEE transactions on systems,man,and cybernetics:systems,2014,44(1):18-29.

[146] ZHU F L,TANG Y Y,WANG Z H. Interval-observer-based fault detection and isolation design for T-S fuzzy system based on zonotope analysis[J]. IEEE transactions on fuzzy systems,2022,30(4): 945-955.

[147] DADI L,ETHABET H,AOUN M. Set-membership fault detection for discrete-time switched linear

systems［C］//The 19th International Multi-Conference on Systems, Signals & Devices, 2022:22333436.

[148] FERNANDEZ-CANTI R M,BLESA J,TORNIL-SIN S,et al. Fault detection and isolation for a wind turbine benchmark using a mixed Bayesian/set-membership approach[J]. Annual reviews in control, 2015,40:59-69.

[149] BLESA J,NEJJARI F,ROTONDO D,et al. Robust fault detection and isolation of wind turbines using interval observers[C]//Conference on Control and Fault-Tolerant Systems,2013:14021592.

[150] HOU M X,SHI H T. Stator-winding incipient shorted-turn fault detection for motor system in motorized spindle using modified interval observers[J]. IEEE transactions on instrumentation and measurement,2021,70:3505716.

[151] ROTONDO D,FERNANDEZ-CANTI R M,TORNIL-SIN S,et al. Robust fault diagnosis of proton exchange membrane fuel cells using a Takagi-Sugeno interval observer approach[J]. International journal of hydrogen energy,2016,41(4):2875-2886.

[152] WANG H,YANG G H. Robust mixed l_1/H_∞ filtering for affine fuzzy systems with measurement errors[J]. IEEE transactions on cybernetics,2014,44(7):1100-1110.

[153] SONG L,YANG J Y. An improved approach to robust stability analysis and controller synthesis for LPV systems[J]. International journal of robust and nonlinear control,2011,21(13):1574-1586.

[154] DONG J X,YANG G H. Robust static output feedback control synthesis for linear continuous systems with polytopic uncertainties[J]. Automatica,2013,49(6):1821-1829.

[155] ZHANG H,SHI Y,MEHR A S. Parameter-dependent mixed H_2/H_∞ filtering for linear parameter-varying systems[J]. IET signal processing,2012,6(7):697-703.

[156] SATO M. Gain-scheduled output-feedback controllers depending solely on scheduling parameters via parameter-dependent Lyapunov functions[J]. Automatica,2011,47(12):2786-2790.

[157] OLIVEIRA R C L F,PERES P L D. Parameter-dependent LMIs in robust analysis:characterization of homogeneous polynomially parameter-dependent solutions via LMI relaxations[J]. IEEE transactions on automatic control,2007,52(7):1334-1340.

[158] OLIVEIRA R C L F,PERES P L D. Stability of polytopes of matrices via affine parameter-dependent Lyapunov functions:asymptotically exact LMI conditions［J］. Linear algebra and its applications, 2005,405:209-228.

[159] GAO H J,LAM J,WANG C H. Mixed H_2/H_∞ filtering for continuous-time polytopic systems:a parameter-dependent approach[J]. Circuits,systems,and signal processing,2005,24(6):689-702.

[160] LIM S,HOW J P. Analysis of linear parameter-varying systems using a non-smooth dissipative systems framework［J］. International journal of robust and nonlinear control, 2002, 12 (12): 1067-1092.

[161] KOROGLU H,SCHERER C W. Scheduled control for robust attenuation of nonstationary sinusoidal disturbances with measurable frequencies[J]. Automatica,2011,47(3):504-514.

[162] WU F. Distributed control for interconnected linear parameter-dependent systems［J］. IEE proceedings-control theory and applications,2003,150(5):518-527.

[163] UGRINOVSKII V A, PETERSEN I R, SAVKIN A V, et al. Decentralized state-feedback stabilization and robust control of uncertain large-scale systems with integrally constrained interconnections[J]. Systems & control letters, 2000, 40(2):107-119.

[164] LANGBORT C, CHANDRA R S, D'ANDREA R. Distributed control design for systems interconnected over an arbitrary graph[J]. IEEE transactions on automatic control, 2004, 49(9):1502-1519.

[165] DUTTA M, PANTELEY E, LORIA A, et al. Strict Lyapunov functions for dynamic consensus in linear systems interconnected over directed graphs[J]. IEEE control systems letters, 2022, 6:2323-2328.

[166] XIE S L, XIE L H, RAHARDJA S. An LMI-based decentralized H_∞ filtering for interconnected systems[C]//Proceedings of the IEEE International Conference on Acoustics, Speech, and Signal, 2003:589-592.

[167] TANAKA K, WANG H O. Fuzzy control systems design and analysis: a linear matrix inequality approach[M]. New York: John Wiley & Sons, 2004.

[168] SU X J, WU L G, SHI P, et al. A novel approach to output feedback control of fuzzy stochastic systems[J]. Automatica, 2014, 50(12):3268-3275.

[169] SU X J, WU L G, SHI P, et al. Model approximation for fuzzy switched systems with stochastic perturbation[J]. IEEE transactions on fuzzy systems, 2015, 23(5):1458-1473.

[170] SHEN Q K, JIANG B, SHI P, et al. Cooperative adaptive fuzzy tracking control for networked unknown nonlinear multiagent systems with time-varying actuator faults[J]. IEEE transactions on fuzzy systems, 2014, 22(3):494-504.

[171] CHEN B, LIU X P, TONG S C. New delay-dependent stabilization conditions of TS fuzzy systems with constant delay[J]. Fuzzy sets and systems, 2007, 158(20):2209-2224.

[172] WU L G, HO D W C. Fuzzy filter design for Itô stochastic systems with application to sensor fault detection[J]. IEEE transactions on fuzzy systems, 2009, 17(1):233-242.

[173] JOHANSSON M, RANTZER A, ARZEN K E. Piecewise quadratic stability of fuzzy systems[J]. IEEE transactions on fuzzy systems, 1999, 7(6):713-722.

[174] QIU J B, FENG G, GAO H J. Nonsynchronized-state estimation of multichannel networked nonlinear systems with multiple packet dropouts via T-S fuzzy-affine dynamic models[J]. IEEE transactions on fuzzy systems, 2011, 19(1):75-90.

[175] QIU J B, TIAN H, LU Q G, et al. Nonsynchronized robust filtering design for continuous-time T-S fuzzy affine dynamic systems based on piecewise Lyapunov functions[J]. IEEE transactions on cybernetics, 2013, 43(6):1755-1766.

[176] ZHANG H B, FENG G. Stability analysis and H_∞ controller design of discrete-time fuzzy large-scale systems based on piecewise Lyapunov functions[J]. IEEE transactions on systems, man, and cybernetics, Part B (Cybernetics), 2008, 38(5):1390-1401.

[177] ZHANG H B, ZHONG H, DANG C Y. Delay-dependent decentralized H_∞ filtering for discrete-time nonlinear interconnected systems with time-varying delay based on the T-S fuzzy model[J]. IEEE

transactions on fuzzy systems,2012,20(3):431-443.

[178] WANG H M,YANG G H. Decentralized state feedback control of uncertain affine fuzzy large-scale systems with unknown interconnections[J]. IEEE transactions on fuzzy systems, 2016, 24（5）: 1134-1146.

[179] SHEN Q K,SHI P. Output consensus control of multiagent systems with unknown nonlinear dead zone[J]. IEEE transactions on systems,man,and cybernetics:systems,2016,46(10):1329-1337.

[180] CHEN J L,ZHANG W D,CAO Y Y,et al. Observer-based consensus control against actuator faults for linear parameter-varying multiagent systems[J]. IEEE transactions on systems, man, and cybernetics:systems,2017,47(7):1336-1347.

[181] ZHANG H W,LEWIS F L,DAS A. Optimal design for synchronization of cooperative systems:state feedback,observer and output feedback[J]. IEEE transactions on automatic control,2011,56（8）: 1948-1952.

[182] DU S L,XIA W G,REN W,et al. Observer-based consensus for multiagent systems under stochastic sampling mechanism[J]. IEEE transactions on systems,man,and cybernetics:systems,2018,48(12): 2328-2338.

[183] MA H J,YANG G H. Adaptive logic-based switching fault-tolerant controller design for nonlinear uncertain systems[J]. International journal of robust and nonlinear control,2011,21(4):404-428.

[184] YOU K Y,XIE L H. Coordination of discrete-time multi-agent systems via relative output feedback [J]. International journal of robust and nonlinear control,2011,21(13):1587-1605.

[185] ADAMS R J,BUFFINGTON J M,SPARKS A G,et al. Robust multivariable flight control[M]. London:Spring-Verlag,1994.

[186] BECHLIOULIS C P,ROVITHAKIS G A. Robust adaptive control of feedback linearizable MIMO nonlinear systems with prescribed performance[J]. IEEE transactions on automatic control,2008,53 （9）:2090-2099.

[187] BECHLIOULIS C P,ROVITHAKIS G A. Adaptive control with guaranteed transient and steady state tracking error bounds for strict feedback systems[J]. Automatica,2009,45(2):532-538.

[188] HUA C C,ZHANG L L,GUAN X P. Reduced-order observer-based output feedback control of nonlinear time-delay systems with prescribed performance[J]. International journal of systems science,2016,47(6):1384-1393.

[189] HAN S I,LEE J M. Improved prescribed performance constraint control for a strict feedback nonlinear dynamic system[J]. IET control theory & applications,2013,7(14):1818-1827.

[190] CHEN M,WU Q X,JIANG C S,et al. Guaranteed transient performance based control with input saturation for near space vehicles[J]. Science China information sciences,2014,57(5):1-12.

[191] YOO S J. Fault-tolerant control of strict-feedback non-linear time-delay systems with prescribed performance[J]. IET control theory & applications,2013,7(11):1553-1561.

[192] XU Y Y,TONG S C,LI Y M. Prescribed performance fuzzy adaptive fault-tolerant control of nonlinear systems with actuator faults[J]. IET control theory & applications,2014,8(6):420-431.

[193] WANG W,WEN C Y. Adaptive actuator failure compensation control of uncertain nonlinear systems

with guaranteed transient performance[J]. Automatica,2010,46(12):2082-2091.

[194] CHEN M,LIU X P,WANG H Q. Adaptive robust fault-tolerant control for nonlinear systems with prescribed performance[J]. Nonlinear dynamics,2015,81(4):1727-1739.

[195] SHIM H,SEO J H. Recursive nonlinear observer design:beyond the uniform observability[J]. IEEE transactions on automatic control,2003,48(2):294-298.

[196] SHIM H,SEO J H,TEEL A R. Nonlinear observer design via passivation of error dynamics[J]. Automatica,2003,39(5):885-892.

[197] YOO S J. Fault detection and accommodation of a class of nonlinear systems with unknown multiple time-delayed faults[J]. Automatica,2014,50(1):255-261.

[198] TONG S C,HE X L,LI Y M. Direct adaptive fuzzy backstepping robust control for single input and single output uncertain nonlinear systems using small-gain approach[J]. Information sciences,2010, 180(9):1738-1758.